2019年河南省哲学社会科学规划项目“豫西南传统村落建筑组群审美研究”研究成果
项目编号2019BYS018

豫西南
传统村落建筑美学

王 峰 著

中国建筑工业出版社

图书在版编目（CIP）数据

豫西南传统村落建筑美学 / 王峰著. —北京：中国建筑工业出版社，2022.8

ISBN 978-7-112-27600-4

Ⅰ.①豫… Ⅱ.①王… Ⅲ.①村落—建筑美学—研究—河南 Ⅳ.①TU-80

中国版本图书馆CIP数据核字（2022）第118455号

本书结合实地调研，从豫西南传统村落建筑组群的形式美、技术美、空间美、功能美、生态美等视角进行了美学研究，论述了其受到的地理、气候、生态等自然环境的影响，并分析了其与历史、文化、经济、技术等社会人文因素的相互联系。本书结合对现状的研究，提出了传承、保护与发展的策略或建议。

本书可供高等院校建筑学、设计学、美学等专业师生及相关研究领域的学者阅读。

责任编辑：曹丹丹　范业庶
版式设计：锋尚设计
责任校对：芦欣甜

豫西南传统村落建筑美学
王　峰　著

*

中国建筑工业出版社出版、发行（北京海淀三里河路9号）
各地新华书店、建筑书店经销
北京锋尚制版有限公司制版
北京建筑工业印刷厂印刷

*

开本：787毫米×960毫米　1/16　印张：17　字数：255千字
2022年8月第一版　2022年8月第一次印刷
定价：**78.00**元
ISBN 978-7-112-27600-4
（39788）

序

“中华文明根植于农耕文化，乡村是中华文明的基本载体”。中国传统村落建筑作为农耕文化、乡村文化的重要组成部分，承载着广大群众内心深处的乡土情怀和文化记忆，是村落居民的生命归宿和精神象征，具有强烈的民间艺术特点和鲜明的地域特色，蕴含着丰富而多样的人文内涵和美学价值。在现当代城镇化发展过程中，包括传统民居建筑在内的民间民俗文化面临着消解的危险。在这一背景下，对传统村落建筑文化进行研究、保护和传承，显得尤为重要。

传统村落建筑是一种在社会历史进程中自然形成的人文形态。乡村建筑物作为载体，承载了人民群众一起共享和传承的文化记忆。这些记忆日积月累，历久弥新，变成一种有维度的文化。这种有维度的文化由人、物、事三个要素组成，以居者为核心，以事件为关联，以建筑为纽带。它同时又有时间、空间两个维度，其在时间上往往体现出一种从往昔到现今的流动性和消逝性特征，在空间上往往体现出一种从乡村到城镇的地域性和矛盾性特征。传统乡村的文化记忆会随着城镇化的过程逐渐消逝，也会因美丽乡村建设而历久弥新。它就是这样在时空中流动和漂泊，并呈现出与当代人若即若离的姿态。

乡村建筑是最重视“宜居”的，然后才会延及装饰或美学。“宜居”和美并不是冲突的，也正因为是“宜”的，所以才是“美”的。反过来说，如果建筑在视觉上是美的，而不宜居，那这种美就不是真的“美”，也不包含着人文的气息。“宜”和“美”在乡村建筑中互为依存，且建筑与周围环境互为一体，都以人与自然的和谐共生为旨归。豫西南地区历史悠久，传统村落建筑群文化底蕴深厚、装饰艺术丰富，兼具北方建筑与南方建筑审美格调，它们以物质化的形式承载、保存并映射出豫西南地区传统村落建筑艺术与地理、气候、生态等自然环境的相互关系以及与历史、文化、经济、技术等社会人文环境的相互关系，反映着居民的宗族谱系、生产生活方式、经济条件、营造技艺、生态智慧、文化习俗、情感寄托、地域特色和审美理想，体现着最质朴纯真的乡村审美文化，是村落居民的生命归宿和精神象征，承载着豫西南地区广大群众内心深处的“乡土记忆”，具有很高的美学价值。

该书是王峰负责的课题项目“豫西南传统村落建筑组群审美研究”的结项成果。他在搜集整理豫西南地区传统村落相关文献资料基础上，利用工作于该地区的调研优势，用近两年的时间对豫西南地区的传统村落建筑群进行了调研，如运用无人机、测绘仪、温湿度测量仪、激光测距仪、照度测量仪等设备进行了测绘工作，仔细收集各方面信息，特别是在建筑组群形制、营造技艺、营造工具、营造过程、建筑装饰、建筑材料、建筑的空间组织及功能、生态营造等方面获取了大量静态、动态影像和测绘数据。在此基础上统计了相关的主要数据并进行了图表绘制，如墙体砌筑方法及式样、脊兽式样、花瓦脊式样、原材料类型式样、山墙图案、当沟图案、墀头形态式样、出檐类型、温湿度测量数据、光照度测量数据、不同村落的异质性对比等。同时作者还对村民、老木匠、泥瓦匠等进行访谈和总结分析。详细的调研和准确的数据资料为本书的论点提供了有力支撑。

王峰在详细调研和系统论证基础上，搜集整理了豫西南传统村落建筑群中与形式美、技术美、空间美、功能美及生态美相关的典型案例和营造技艺，并在古籍文献和豫西南地区地方志中找寻其文化渊源，进而初步构建了豫西南传统村落建筑群的审美文化形态及美学价值体系。该书首先讨论了豫西南传统村落的地理位置、类型、平面布局、材料选用、形制、功能、空间处理等基本概况，并分析了其地理环境、发展历史、现状及其总体规划布局等内容。随后重点对豫西南传统村落建筑组群的审美特征进行深入探究，总结其所具有的形式美、技术美、空间美、功能美及生态美特征。最后，还结合自己的研究和思考，对豫西南传统村落建筑组群的传承、保护与发展，提出了策略及建议。

《豫西南传统村落建筑美学》这一研究成果的学术及应用价值体现在以下五

个方面。第一，从形式美出发分析了豫西南传统村落建筑组群的自然形式美和人工形态美，并有针对性地从典型案例入手分析了其形式美的规律，这对于该地区传统村落建筑中美的规律的发掘和利用具有重要意义；第二，从技术美出发分析了其形制美、材质美、工艺美和装饰美，这可以显著提升学界对该地区传统营造技艺的兴趣和认识，也利于人们对该地区营造技艺的认同、传承与传播；第三，从空间美出发分析了其空间形态与空间组织，利于将传统空间形态、内外空间的组合关系、空间的体量与尺度、空间的形状与比例、边界的围合、限定与分割、空间的衔接与过渡、空间序列与节奏等进行系统的梳理并在现代营造活动时作为参考；第四，从功能美出发对村落建筑组群的交通、生活、集会、生产、精神信仰等展开研究，对系统梳理居民的生活习俗等具有重要的研究意义；第五，从生态美切入关注了建筑组群在节能减耗、循环利用、舒适度提升及生态文化上的诸多问题，这对于研究豫西南传统村落的生态营造理论搭建了初步的研究框架。同时，该成果中提出的传承、保护与发展的策略建议还可为当地政府或决策部门提供理论参考。

总之，全国各地、各民族的乡村建筑文化资源是各具特色的自然文化资源、历史文化资源、民族文化资源、风俗文化资源的集合体，体现出中国文化的多样性，是当代美丽乡村建设的宝贵财富，具有很大的可探索空间和研究价值。该成果的出版，对于区域传统乡村文化资源传承发展、传统乡村建筑美学特征的挖掘研究乃至推进豫西南地区宜居宜业的美丽乡村建设，都具有一定学术价值和现实意义。

赵鹏超

中央民族大学　副教授

《中国民族美术》学术主持

2022年9月4日于北京南苑

前言

众所周知，建筑艺术是一门实用的艺术形式，建筑美是艺术美的形态之一，是一定的社会审美意识与特定的建筑表现形式的有机统一，具有实用性、技术性、总效性和公共性。建筑美的内容包含：①建筑的形式美。它直接诉诸人的感官，表现在建筑的轮廓、序列组合、空间安排、比例尺度、造型式样、色彩装饰、节奏韵律、质感等方面，统一、均衡、比例、韵律、对比、布局中的序列、规则的和不规则的序列设计、色彩运用等，是建筑形式美的法则。②建筑体现的时代精神和社会物质文化风貌。建筑美具有时代的、民族的、地域的文化特征，体现着一定时代和民族的社会政治、哲学、伦理观念，并受到民族文化传统、地理气候、风俗习惯的制约。

豫西南传统村落建筑美学是中国传统建筑美学的一部分，着眼于研究豫西南地区这个范围内传统村落中建筑的形式美和所体现出来的时代精神与社会物质文化风貌。豫西南地区山地众多，处于南北分界线——秦岭的余脉伏牛山脉，传统村落分布较多，有些建筑组群保存相对完整。豫西南传统村落建筑组群在美学上有其独特性，兼具北方建筑与南方建筑审美意匠。这些传统村落中的建筑以物质化的形式承载、保存并映射出建筑艺术与地理、气候、生态等物质环境的相互关系，与历史、文化、经济、技术等社会人文环境的相互关系，以及与居民的宗族谱系、生产生活方式、经济条件、营造技艺、生态智慧、文化习俗、情感寄托、地域特色和审美理想。但较为可惜的是，由于政治、历史、经济、文化、战乱等原因，部分传统村落中的建筑多以单体建筑或小型群组的形式得以保存，完整的大型村落建筑组群已较为少见。李允鉌道出了其难以长久保存的原因，他认为，一般住宅建筑很少具有“纪念”的性质，因此存在的时间都不会很长，很少会长期地保留，正如其他的生活资料一样，在很短的时间内就会完成历史的任务而告消逝。虽然遗存少，但选取现存的建筑单体或组群的典型进行个案研究可以以点带面，通过多维解读掌握地区传统村落建筑组群整体“外在”的具体形态和形式，并通过形态与形式分析其“内在”美学特征。

相比原始“穴居野处”之“润湿”“风寒”“雪霜雨露”，传统村落居民依靠集体智慧和特有的营造技艺，构建了饱含地域文化特色的“以待风雨”之宅。建筑同时又可以承载文化与记录文化，传统村落建筑组群是乡村文化的载体之一。在建筑之内，纲常礼制的制定与施行、文化基因的继承与传播有了物质基础。村落建筑成为满足与维持村落居民生命繁衍、社会身份、道德价值与族群性别属性的载体与工具。正如杨廷宝所说：“民居则是数量广大的人们聚居的建筑，它们都是劳动人民长期建筑创造的成果和成就。对建筑文化而言，也是我国优秀建筑文化的重要组成部分，是劳动人民智慧的结晶。”

在这些传统民居中，蕴含着大量的中国传统建筑美学精神，然而，对中国传统村落建筑美学的研究匮乏且孱弱，乡村传统建筑美学体系的建构零散而破碎。因此需要结合中国古典美学精神与现当代建筑技术理论的精华来剖析与解释其营造形式之美、材质之美、技术之美、功能之美、空间之美与生态之美。

目录

第二章

豫西南传统村落建筑组群调研

第三章

豫西南传统村落建筑组群的审美特征

第一章

豫西南传统村落建筑组群综述

第一节　豫西南传统村落建筑组群概况

豫西南地区在地理位置上位于中国河南省的西南，主要是指河南省南阳市城区及其辖区内的10个县。豫西南地区地域广大，占地1801.5km^2，处于中国南北分界线上（图1–1），秦岭—淮河一线自西向东穿过淅川、西峡、内乡、邓州、新野、唐河、桐柏。沿线多山地、丘陵、平原，主要山脉为伏牛山和桐柏山。该

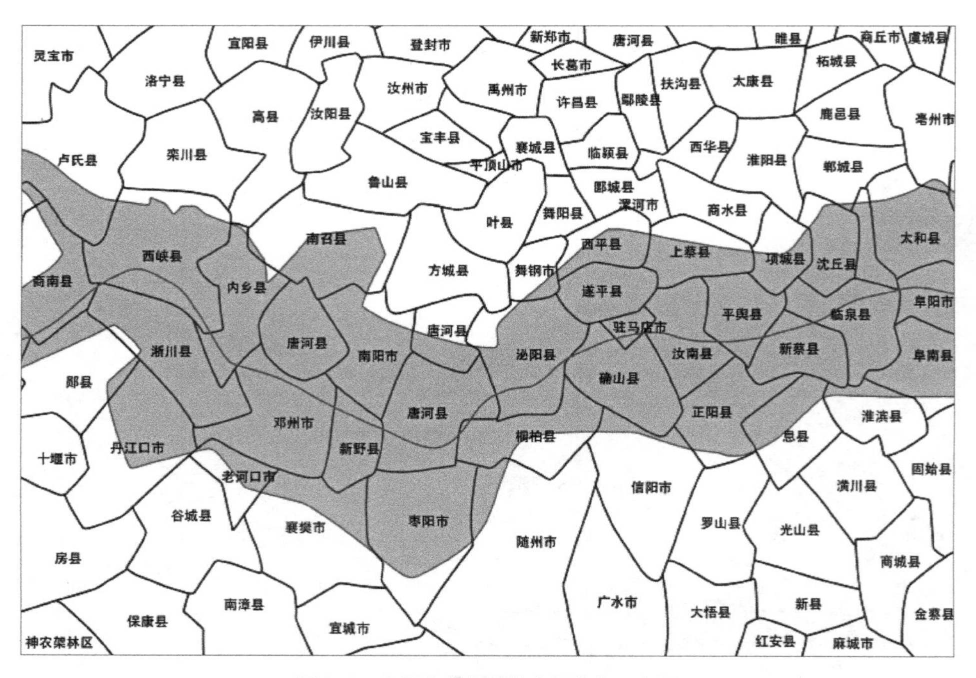

图1–1　中国南北分界线中段分布示意图

地区历史悠久，根据考古发现，远古时代南阳已有人类聚居繁衍，在五六十万年以前的旧石器时代，就在汉水流域、白河上游一带繁衍生息，开辟着生活园地。夏启的祖先居住在南阳，夏代时为其腹地。南阳也是商文化的发源地之一，亦是商文化向东转移的桥梁。周代时为吕国、申国封地；春秋时楚设宛邑；秦时置宛县；西汉时为全国冶铁中心，商贾云集，当时有“宛、洛富冠天下”之誉；东汉光武帝曾将其定为陪都，史称“南都”。气候、环境、交通、政策、历史等有利条件使豫西南地区村落数量在清朝光绪年间有所发展。据记载“光绪三十年南阳辖区共有村落2058个，64151户，人口278084人，村均户数31.2户，村均人口135人”（图1–2）。方志中记载的部分村落现在依然存在，且有部分营造规格颇高，“自光武起南阳宛为帝乡，田宅逾制，他郡邑不敢为比。”民国时期人口数量进一步上升，民国十八年（1929年），全县为558369人，较清末增长1.2倍。1935年人口上升为73万。由当时户数推算可知，南阳地区的村落及建筑组群已经形成一定的规模。历史上由于经济、战乱、人口迁移、环境恶化等原因，豫西南地区的传统村落面临逐渐消亡的命运。

在快速城镇化的今天，除了已经纳入传统村落名录的村落有相对完整的保护措施外，其余大部分正在由于年久失修而被损坏。从卫星地图上看去，白灰色混凝土和蓝色彩钢复合板吞噬的村落建筑所呈现的图像在传统村落间肆意蔓延。目前，仅在豫西南的山地区域传统村落及建筑组群还保存相对完整，特别是南阳地区的邓州市杏山村、内乡县乍曲乡吴垭村、南召县云阳镇老城村、南召县马市坪乡转角石村、淅川县盛湾镇土地岭村、唐河县马振抚镇前庄村（图1–3）、方城县独树镇砚山铺村、南召县云阳镇铁佛寺村石窝坑村、方城县柳河乡段庄村等9个国家级传统村落（截止到2019年6月）。在美学特征上，豫西南地区传统村落建筑组群具有典型性，如果再结合部分省级传统村落或普通传统村落建筑组群分析，可以从中窥视其蕴含的主要美学特征。

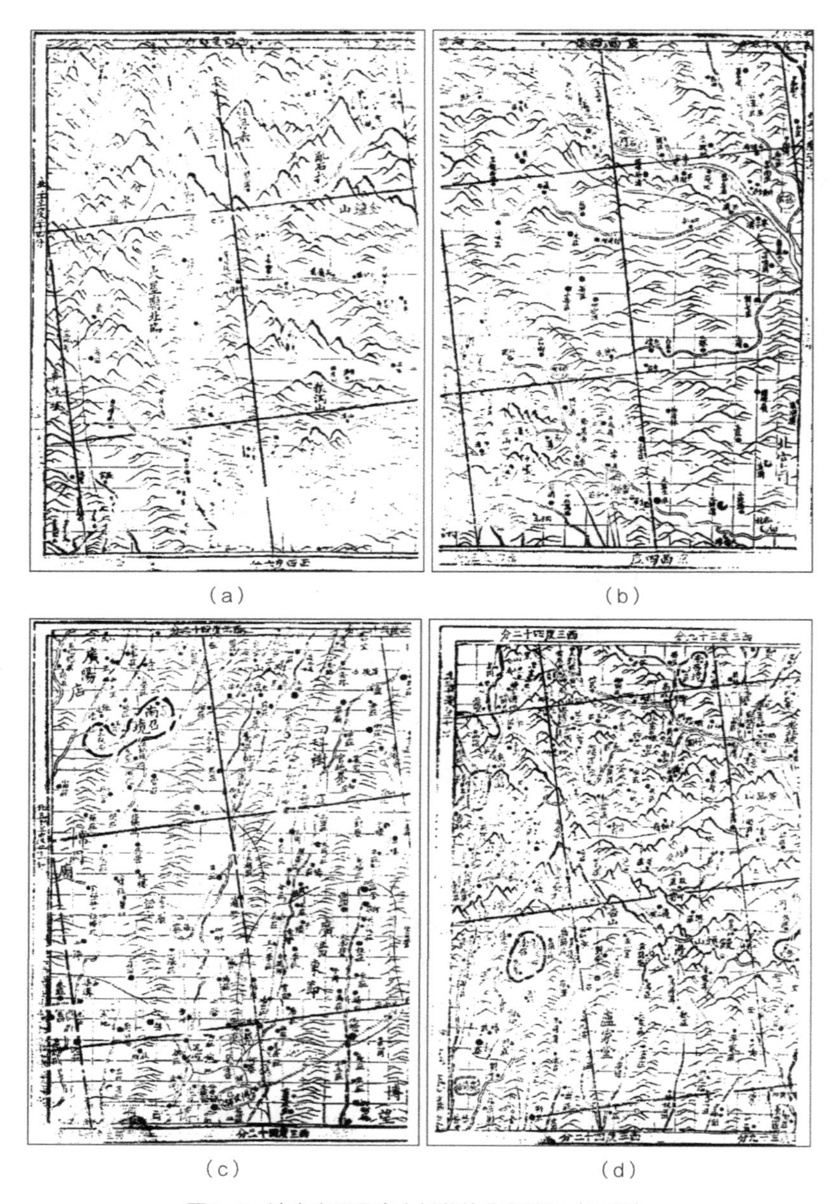

（a）　（b）　（c）　（d）

图1-2　清末南阳县志中村落的分布情况（局部）

（a）清末南阳村落分布1；（b）清末南阳村落分布2；
（c）清末南阳村落分布3；（d）清末南阳村落分布4

图1-3　唐河县马振抚镇前庄村

一、村落地理位置

谢灵运在《山居赋》中根据居所的自然环境或地理位置给出了“岩栖”“山居”“丘园”“城傍”四种居住模式的界定。“古巢居穴处曰岩栖，栋宇居山曰山居，在林野曰丘园，在郊郭曰城傍。”豫西南传统村落多为“山居”“丘园”，或依群山而建，或傍水河而居，或沿捷道而栖，或近沃田而住，呈现出沿山河、道路、田地分布的特点，其中方城、唐河、邓州、镇平、新野等市县区域传统村落的地理位置多沿肥沃的平原、道路或河流，内乡、西峡、淅川、南召、桐柏的传统村落多位于浅山或深山谷地平坦区域。

二、村落建筑组群类型

豫西南传统村落建筑形式多样，或饱含历史的沧桑，或蕴藏宗族的人文，或包含宗教色彩，或融合周边的自然环境。这些建筑，特别是有材料局限的村落建筑，经过自然的侵蚀能保存上百年实为不易。豫西南地区传统村落中多数建筑为1949年以后所建，少部分保留下来的较为完整的建筑为清代遗存，已经有一百多年历史，更有部分建筑材料采用明代甚至更久远年代的旧建筑上的材料，在建筑上写满了沧桑历史。村落建筑中蕴藏的宗族人文具有明显的脉络性，这些村落中某些宗族的迁入已经几百年，聚居在一起的宗族不断繁衍生息，也主动地促进了村落建筑在空间序列上或建筑数量上的不断拓展，形成了谱系式的建筑组群类型（图1–4）。包含宗教色彩的建筑类型多为公共建筑，数量少，并常带有一定的民风民俗或宗教信仰的属性，这些特征在庙宇等建筑中极为突出。与自然环境结合的组群类型特色就更为鲜明，拥有从周边环境中“生长般”的建筑组群外观，无论是屋顶、屋身还是屋基均与环境融为一体。

图1–4　吴垭村建筑组群鸟瞰

三、村落建筑组群平面布局

豫西南传统村落建筑组群的平面布局多样，或内聚或发散，或对称或均衡，呈现出变化多端的组合性格，既有一定的规律性，又有一定的随机性。在建筑组群的构成上，大致可分为以平原地区为代表的规则型构成和以山地地区为代表的活变型构成。这符合侯幼彬先生对建筑组群的总体构成形式的论断，他认为："庭院式组群的总体布局，明显地呈现出两种不同的格局：一种是规则型的构成，大体上沿用程式化的布局模式；另一种是活变型的构成，是在规则基础上的活变，或是不拘一格的灵活多变。"深山区自然村多散点式布局，浅山地带或沿路沿河区域多联排式布局，平原地区多团块状布局。具体到每一座民居院落，正房、厢房与倒座房则多为三开间，有"一字形""L形""三合院""四合院""多进院""异形院"等平面布局形式。由于经济条件的限制、地形的起伏或对庭院面积的追求，一般以"一字形""L形""多进院"居多，呈非对称式形态布局，与传统四合院相比更为灵活、自由、随意（图1-5）。

图1-5 吴垭村建筑组群航拍图

四、村落建筑组群建筑材料的选用

根据环境条件、经济条件，技术条件等，多数就地取材，因材施用。伏牛山与桐柏山区村落建筑多以块石、条石、片石等石材营造，个别村落建筑的石材来自于先前旧建筑的废弃材料或拆解材料，一定意义上延续了当地的建筑文化和历史。盆地平原地带村落或以泥土，或以砖瓦，或以草木为建筑材料，节省人力、物力、财力，体现出极强的经济实用性、营造简便性和生态环保性。同一院落中的正房、厢房等建筑由于建造年代上的差异，建筑材料的选用也呈现出差异性，甚至同一座建筑中由于不同年代的翻修或重建，也体现出材料运用上的差别。在特殊材料的选用上，特别是用“岗柴”等一些当地特有的建筑材料编织的“里子”在屋顶营造中代替望板或望砖的使用，呈现出鲜明的地域特征，体现了工匠及村民的营造智慧（图1–6）。

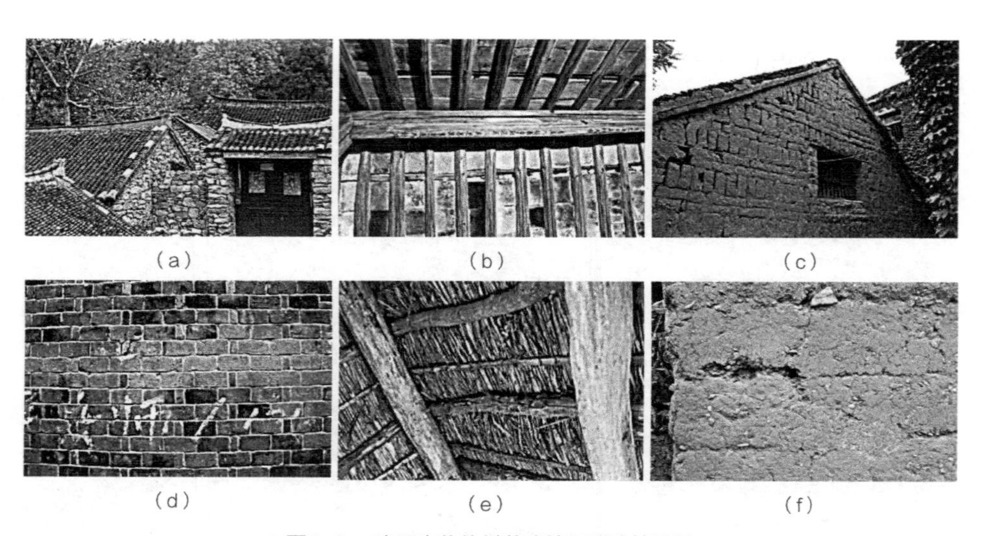

图1–6　豫西南传统村落建筑组群建筑材料

（a）石头、瓦；（b）木材；（c）土坯；（d）砖；（e）草本植物；（f）夯土

五、村落建筑组群建筑形制

豫西南传统村落建筑式样多为硬山式民居建筑，少部分为悬山式，墙厚窗小，少装饰（图1–7），多进行程式化形制约束下的地域适应性处理，制作上能够体现出工匠及居民的理性精神和感性色彩。屋顶形制多用灰板瓦干槎式或合瓦式，也有山地传统村落民居采用石片代替板瓦做屋顶，屋顶坡度适中。屋身关键节点的处理细致，屋身建筑立面的处理手法各有区别，外墙多为土坯砖、土坯块、砖以及山石等单种或多种材料结合，不加过多装饰（图1–8）。内墙一般不加特殊饰面，为抵御风雨，多以黄泥或白灰抹面。特别是在前檐墙的处理上，结

（a）　（b）　（c）　（d）

图1–7　豫西南传统村落建筑山墙式样

（a）小北庄民宅悬山；（b）磨沟村民宅悬山；（c）界中村民宅硬山；（d）大楼房村民宅硬山

（a）　　（b）　　（c）

图1-8　豫西南传统村落建筑组群建筑形制

（a）吴垭村民居形制；（b）界中村民居形制；（c）前庄村民居形制

合多种砖石、土坯、夯土等材料，利用垒砌、干摆、夯筑、砍削等方法，综合多种砌筑样式，视觉层次丰富。内部结构多采用抬梁式或穿斗式木架结构变体，大部分为墙体承重。室内一般不吊顶，内部结构暴露。屋基多为低矮砖砌筑或山石垒砌，高度低，也有富户正房台基采用多层砖高砌。在设屋基的案例中，其形制多用条石铺筑或三合土夯筑，正房屋基一般略高，体现出儒家的宗法礼制与等级观念。

六、村落建筑组群建筑功能

村落建筑组群的功能多样，豫西南传统村落建筑组群能够基本满足村民居住、休憩、饮食、如厕、会客、集会、劳作、饲养、祭祀等物质和心理需求。但不可否认的是，这些功能仅仅是在维持基本的生理、心理需求，有甚者基本功能尚不完备，在物质生活品质上还存在一定的提升改造空间。在空间的功能性上，缺乏特定的功能限定设施或装置，存在功能缺失和功能区重叠等。室内陈设简单朴素，家具少，往往一种家具多种用途（图1–9）。

（a）　（b）

（c）　（d）

图1–9　豫西南传统村落建筑功能区

（a）客厅；（b）杂物间；（c）厨房；（d）卧室

七、村落建筑组群的空间处理

在空间处理上，皆以“间”作为建筑的基本构成单位，一般正房设三间，社旗县民谣《今晚住俺村》：“俺哩房子整三间，一头住的是妻小，一头灶火把牛栓。”厢房设两间或三间（二合院中以正房、东厢房组合为主，西厢房少见或出于生产目的设牲畜棚或工具棚形式），倒座房设三间（多在倒座房设过厅），耳房设一间。一般设有庭院，或大或小，由院墙或建筑围合，往往植有植物或时令蔬果等。建筑往往具有简单且清晰的空间组织，内部空间差异大，在空间转换时也富有变化，注重庭院到室内空间的衔接，室内外空间的扩展具有一定“弹性”，体现出建筑组群的空间对比与变化。正房与厢房的空间体量和高度都有明显的等级意识和尊卑观念。空间的体量与尺度处理以一层为主，两层或多层较少，建筑面积与空间尺度适宜，其空间位置的确定与地形有很大关系。正房与厢房有明显的主从关系，正房为宅院之必需，厢房等其他建筑物和庭院则并非必需。空间形态以长方为主，正方及其他形态为辅（图1-10）。长宽高比例较现代住房略小，空间的形状与比例有一定规律。空间的围合与通透，庭院的围合常以围墙或厢房、倒座为主，也有竹木栅栏、篱笆等软围合形式。正房、厢房连接处等小空间的处理，充分照顾建筑物之间的采光、通风及空间私密性需求。空间的分割与组合不太注重限定形式，室内外用墙体分割空间，且多方正，曲线或曲面少，注重大空间的组合。在

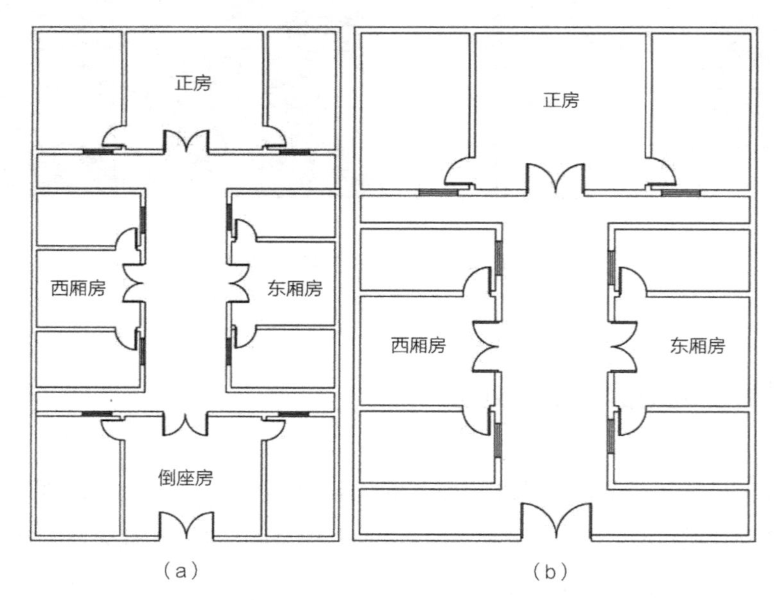

图1-10　豫西南传统村落建筑组群常用空间处理方法

（a）界中村郑东阁民宅空间处理；（b）文庄村王玉芳民宅空间处理

对称的四合院中注重空间的重复与再现，沿倒座房过厅大门与正房呈中轴线左右对称。空间的衔接与过渡上，在村落中往往通过街巷、特定的自然环境或地形高差作为衔接，宅院内则往往与功能空间联系在一起，院外—过厅—庭院—正房过厅，与庭院的衔接功能增加了视觉节奏感、趣味性和美感。空间有着序列与节奏上的变化，注重纵深空间序列营造。沿着入口大门穿过庭院到正房的流线与方向，呈现出由卑到尊、由次到主、由低到高、由小到大的空间序列上的联系与变化。

八、村落建筑组群居民审美观念及表达

不同县域内的村落虽略有不同。但总体上由于长时间较为封闭的村落生活，居民在审美上缺乏明晰的概念，多以简朴为美，具有一定的文化自觉性和相对保守的审美传统，大部分居民对传统的建筑营造技艺较为认可。久居于此，尽管从物质层面，建筑在功能性等方面还存在欠缺与不足，但是居民已经习惯了这种“独门独院”“左邻右舍”“和谐自然”的村落生活，并产生了传统文化和审美的认同与自觉。也有部分居民受现代建筑式样的影响，对现代建筑式样住宅产生了浓厚的兴趣，具有旧房重建或改建的迫切愿望（图1-11）。

（a）　　（b）

图1-11　豫西南传统村落民宅内部家具陈设

（a）磨沟村李风华民宅陈设；（b）吴垭村吴保林民宅陈设

第二节　豫西南传统村落建筑组群的审美意匠

梁思成曾经提出对建筑属性三个层次的理解：第一个层次是和物质相关的，这是本质属性，是根本，也是最低层次的属性；第二个层次是对建筑外表的要求，为的是能给居者、观者以愉悦的视觉享受；第三个层次是建筑内外蕴含的艺术美，既悦目又能打动心灵。中国传统建筑以其强烈的审美意识而具有一定的艺术属性，是人们融合了对自然的认识、对社会关系的认识以及对人类自身精神世界的认识之后的创造，其中的优秀者不仅具有美的形式、造型与性格，还渗透着美的理念，以审美体验为基础，在建筑形象中表达丰富的文化内涵。豫西南传统村落建筑组群中蕴含的建筑意匠和美学原理对于新时代弘扬优秀传统文化具有重要价值。中国传统文化是儒道释三教合一，豫西南地区传统民居建筑组群营造中也体现着儒家思想尚贵为官的“入世”与家庭伦理“纲常”、庄禅岩居谷饮的“出世”与自由解放的“逍遥”、佛家思想“善恶”与修行的中国古典美学思想。三者相互补充、相互融合，共同构成了其古典美学精神。程泰宁认为建筑是用石头书写的史书，是凝固的诗意。雨果说过：“人类没有任何一种重要的思想不被建筑艺术写在石头上。”可见建筑与历史文化的密切联系。通过分析豫西南传统村落建筑组群的外在形制和结构等多层次的外在表达及人们的生活方式与习惯、民俗、宗教、礼仪等内在蕴含，会逐渐剖析出其美学特点，并在一定程度上影响人们对豫西南传统村落建筑组群的审美取向和审美评判。传统村落建筑组群的外在表达容易通过视觉和测绘去把握和捕获，而蕴含的内在中国传统文化则需要通过对外在表达的深入分析进行挖掘。

一、豫西南传统村落建筑组群的居游功用

居游不仅限于外出旅游时居住的狭隘范畴，也并非江南地区私家园林的独有之意，更非限于瑶池阆苑的仙家境地。董豫赣评论李公麟的《山庄图》以山洞与山台标识居游胜处："拱顶的洞穴与露天的山台，因类似于厅堂与庭院，则成为最经典的山居组合。"有厅堂与庭院的宅院，高低错落、鳞次栉比的传统村落建筑组群无疑是居游的绝佳场所。可见，豫西南山区传统村落的宅院符合这种居游的样态。

"居""游"可以从豫西南传统村落建筑组群两个不同的功能来理解。首先是居住。可居是一种民居建筑功能性的表现，《系辞下》曰："上栋下宇，以待风雨。"建筑的首要作用便是可居，上有屋梁，下有墙壁，以满足居民的生存和生活需要。在宅院中，居者已经不仅是建筑组群的使用者，而是同建筑组群、自然环境融为一体，互相依存。对于一辈子居住于此的居民们来说，他们在宅院和村落建筑组群中出生、成长、繁衍、集会、死亡、埋葬，甚至死后被祭祀、被怀念、被谈论、被记载、被遗忘，整个完整生命过程生活资料的生产、制作、使用都在宅院中完成。所以，传统村落建筑组群的居住功能是完备的，是吃、穿、住、用、行的功能复合体。居民在村落建筑组群中可以满足生活的各种需求（图1–12、图1–13）。其次是游戏、游览。亚里士多德说游戏是

图1–12　前庄村某宅院一角

图1–13　前庄村某宅院内

劳作后的休息和消遣，是本身不带有任何目的性的一种行为活动。席勒说只有当人游戏的时候，他才是完整的人。传统村落建筑是实用艺术。如果说传统村落建筑的“居”是满足居民生存的基础生理需求的话，那“游”便是提升居民生活品质的精神升华。如果将生命的周期当作游戏的过程，那么民居建筑似乎成为生命游戏中的道具。然而建筑怎么选？怎么营造？如何安置？作何用途？这些问题就与游戏的效果产生关联和相互作用。居民在“家”的建筑空间中休憩与调整，是满足居民“居”的私密感和“游”的自由感的统一，获得的是身体层面的休憩和精神层面的自由。村落中三五成群的闲聊，节日欢庆的民俗活动，广场集会甚至是信仰祭祀的集合活动，劳作后坐在堂屋摇椅或板凳上的休憩，庭院中的棋局、散步、乘凉或对所植草木的修整，孩童在庭院中的嬉戏等活动都是宅院内游戏的组成部分。

二、豫西南传统村落建筑组群的程式活变

中国艺术向来注重摹古，程式化是中国传统艺术的重要特征，中国传统建筑也不例外。后人在前人实践的基础上撰写出类似《考工记》《营造法式》《长物志》《工程做法则例》等著述，使得建筑从唐宋到明清、从简单程式化到高度程式化的演进，具备了类似中国传统艺术如中国画《芥子园画谱》式的程式化规范。这些程式化规范所形成的体系在古代等级森严的宫廷、城市等地区普遍流行。程式化“以有限的定型构件组构定型的或不定型的建筑组群，表现出良好的调节机制和协调机制。”如宋代李诫的《营造法式》从各种材料的“制度”“功限”等方面，以具体实例对建筑的“程式”进行详细的总结与归纳，形成了中国传统建筑的营造“法典”。因为推行了建筑设计标准化，在人们的思想中，对房屋的概念已经定型，有了局限，似乎不是这样就不能算作是房屋。程式化在统一建筑风格、节省经济成本、培养后备人才等方面发挥的作用很大，但程式化的弊端也很明显。因此，古今学者对于创新的探讨与实践从未停止。汉代刘安强调造物的旧制创新

活变“苟利于民，不必法古；苟周于事，不必循旧……法度制令各因其宜。”魏晋时期向秀、郭象对知识和模仿方面创新活变的观点是：“当古之事，已灭于古矣，虽或传之，岂能使古在今哉!”李渔也提倡建筑形式的活变：“居家所需之物，惟房舍不可动移，此外皆当活变。”他认为房舍建筑中，除了不可移动的承重结构，其他构件都可以灵活处理。当代学者也对地域性活变发表了一些意见。刘敦桢先生针对居住建筑的多样性曾这样论述：“为了适应各地区的气候、材料与复杂的生活要求，曾有过多方面和多样性的发展要求，尤以居住建筑比较富于变化是尽人皆知的事情。”“事实上，因地域而不同，是其最显著的表征，它不一而律，无准绳，未可一概而论。”但在不同地域环境特别是在村落中，可以说这些“程式”造就了农民文化或农村文化的一种生活类型和审美文化范式，又表现出富有创新性的活变。正像孙大章先生在评论建筑史为生活服务时认为的，“老百姓是最聪明的”，也就是说广大居民为程式化的建筑活动增加了更多适应性的设计。

豫西南传统村落建筑组群虽然在地区上都属于河南省西南部，各村落间距离较近，风俗习惯类似，但不同县域的村落建筑组群在选址、体量、功能、形态、材料、构造、空间、装饰等方面的差异体现出营造程式之活变，不太注重按官式做法全盘摹古，建筑思维灵活，在相对小的范围内往往结合地域去解决新问题、寻求新变化。具备相对灵活的建筑组群调节机制和良好的地域环境适应能力与工匠在微小的气候、地形和文化习俗差异下，对建筑的材料选择、营造方法、装饰美化、功能划分、空间处理等方面的调整与变化，甚至同一村落在营造手法上也存在明显差异。下面以南阳市宛城区瓦店镇界中村几座民宅的屋脊营造为例，探讨一下传统村落建筑组群的程式活变。李长丽民宅倒座房正脊的营造用脊筒，脊筒装饰多为高浮雕花饰，正脊脊筒上部正中设二龙戏珠脊饰，两端设鳌鱼吻兽，二兽面目凶猛，首尾外张。四条垂脊与正脊用相同脊筒，并在端部设相同鳌鱼吻兽（图1–14）。相邻的郑东阁民宅与逵心安民宅的倒座房正脊营造与之类似，与之相隔几十米远的孙永生民宅厢房屋脊也采用类似做法，皆为脊筒制作，脊筒的尺寸固定，为烧制的陶制定型构件，在屋脊的工艺做法上也基本相同，可见在营造中存在程式化现象。但郑东阁民宅倒座房不设垂脊，逵心安民宅在营造上则更为简单，采用与郑东阁民宅伙山墙，由于屋脊高度低于郑东阁民宅，所以脊筒直接与其山墙相接，省去脊饰部分。孙永生民宅则采用活变的吻兽形态，用龙头样吻兽（图1–15）。由此可见在屋脊的营造中，同村落建筑单体间存在一定的程式活变现象。

图1–14　界中村李长丽民宅脊兽

图1–15　界中村孙永生民宅脊兽

三、豫西南传统村落建筑组群的和合之道

“和合”观是中国传统文化的基本精神之一，也是一种具有普遍意义的哲学概念，对中国文化的发展具有广泛而久远的影响。“天地人和”是中国传统处世观念所追寻的文化思想之一，“和”字为相安、谐调、平静之意。《国语·楚语》中伍举说：“夫美也者，上下、内外、小大、远近，皆无害焉，故曰美。”国人自古注重顺天时、应地利、聚人和。

首先是顺天时。自古至今，中国哲学家、园艺家及建筑师们对于掌握自然规律、顺应自然规律的观点与实践尝试持续沿承，从未停止。《易经》载：“乾道变化，各正性命，保合太和，乃利贞。”老子云：“人法地、地法天、天法道、道法自然。”天道、自然规律是至美的，与之“保合太和”，便能“利贞”。豫西南传统村落建筑组群重自然，并进行主观能动的改造，现实中的营造往往“取法自然”，而不全然模仿，必定在自然环境和自然材料中进行几分创造。

其次是应地利。侯幼彬在论述中国建筑的“物理”理性时提出“因势论”，从环境意识、构筑手段、设计意匠三个考察角度提出了因地制宜、因材致用、因势利导这三个建筑“地利”的至高范式。

再次是聚人和。与营造过程和结果的“法天、法地、法自然”的“天和”，居民个人行为的修行，对长者的尊重，邻里关系处理等，包含了自我德行之修为的提升与“天地人”“物化”为一的审美理想。建筑是最能够体现“人和”的载体之一。建筑与家庭、人群、社会的伦理关系，成为中国古人最为讲究和重视的内容之一。豫西南传统村落建筑组群对“礼制”重视，营造长尊幼卑的秩序感和孝亲情感，让家庭更为和睦。将传统村落建筑之“礼”建立在“笃父子、睦兄弟”的“孝悌”道德基础和原则之上。“左尊于右”“南尊于北”“前卑后高，理之常也”，强调空间位置关系的宗法礼制。建筑组群鲜明的‘尚中’情节、主从对比、左右对称、内外分明的布局形式，凝固了‘礼’的精神，赋予了‘乐’的意蕴，将‘三纲五常’的伦理关系演绎为严谨、和谐的空间序列。如正房与厢房的体量空间大小、屋基高度的差别、设施配备的多少、装饰装修的繁简……如是等等皆已形成“一种不需规律的秩序，一种自动的秩序”。正如费孝通先生所说：“礼是合适的路子，是经过教化过程而成为主动性的服膺于传统的习惯。”注重人与人、邻里与邻里的“人和”，邻里和谐、外适内和。《内乡民俗志》载：“掰和好邻居披红戴花，挨住坏邻居披锁带枷。”内乡民间十分重视邻里关系的处理。盖房起屋，天灾人祸，主动过问，协助筹备实心实意，绝不讨价还价。豫西南传统村落建筑组群有很多民居采用伙山墙、伙隔墙等共用建筑构件，印证了“和”的思想在村落建筑营造过程中的影响。如南阳宛城区瓦店镇界中村奎心安民宅、郑东阁民宅和李长丽民宅都采用伙山墙与伙隔墙的形式（图1–16）。这样既节省材料、空间，又维持了良好的邻里关系。

图1-16　界中村传统村落建筑组群

四、豫西南传统村落建筑组群的实用品格

《黄帝宅经》开篇即云："夫宅者，乃是阴阳之枢纽，人伦之轨模。"可见古人信奉住宅是阴阳交接的枢纽，是家庭和睦与兴盛、家族安康幸福的依据。如果将豫西南传统村落建筑拟人化，它无疑是具有沉稳、内敛、稳定的个性的，更像是一个沉稳的中年人，少了些浮夸和缥缈，多了些现实与效用。建筑单体是最能够体现实用的。"宁古无时、宁朴无巧、宁俭无俗"，文震亨在《长物志》中曾强调简朴素雅的营造手法和实用主义美学精神。李渔也认为"土木之事，最忌奢靡。匪特庶民之家，当崇简朴，即王公大人，亦当以此为尚。盖居室之制，贵精不贵丽，贵新奇大雅，不贵纤巧烂漫"。在中国历史上，一些秉承"节俭"思想的文人和工匠极力主张建筑的简朴，反对建筑的奢华。"寓节俭于制度之中，黜奢靡于绳墨之外"，因此"节俭"已经成为建筑中的一种行为规范、美德和重要的建造思想。梁思成先生也总结了中国传统建筑活动的"尚俭"之风：

“此种尚俭德，诎巧丽营建之风，加以阶级等第严格之规定，遂使建筑活动以节约单纯为是。”杨廷宝曾说：“民间的创造，形式丰富多彩，使用上合理，尤其是与生活息息相关，依据有限的人力、财力和物力，用经济有效的办法，尽善尽美地使建筑达到功能和审美的要求。”孙大章在《中国民居研究》论述传统民居的建造时认为“要用最少的花费取得最大的使用价值。所以它必须贯彻因地制宜、就地取材、因材致用的原则，最大限度地节约资金，民居可以说是最节约的建筑类型”。

豫西南传统建筑组群作为民间建筑，注重建筑自身的实用功能，将功能实效与审美观赏统一起来。所以，从材料的选择到建筑的装饰都追求简单淳朴，少做装饰。清乾隆年间内乡县志记载：“古礼宫室有制，服食有制，内乡俗称近古衣服率用布素，庐室率尚质朴，而一切纷华靡丽未之前闻。”由此可见，豫西南地区清代以来就有“庐室率尚质朴”的传统。因此，豫西南地区虽多山地丘壑，经济条件差，不可否认村落建筑的营造之简与经济条件密不可分，但即使是地主富户，在营造时也刻意从简。如南阳市宛城区瓦店镇界中村郑东阁民宅，建成于清光绪甲午年间。南阳市宛城区瓦店镇为宛南重镇，这里古为驿站，水陆交通方便，清至民国为宛南货物集散地。该驿站附近当时富贾云集，此宅原为山西富商之宅院，在营造上本应富丽奢华、雕梁画栋，但在调研中发现，其在材料选择和建筑装饰上也十分简单。墙体材料以土坯为主，装饰上除了墀头、山墙搏风头以及屋脊做简单装饰外，在建筑的其他部位鲜有特殊装饰。这种尚俭之风在山地村落建筑中则更甚，说其“茅茨不翦，采椽不斫”确实有过之而无不及。如南召县云阳镇石窝坑村、内乡县乍曲乡吴垭村、淅川县盛湾镇土地岭村等村落，建筑多以石为料，装饰更为简单。特别是吴垭村吴登鳌民居，这座民居的主人作为内乡县衙胥吏，掌管住建工作与土木工事，却“恶纷华、厌靡丽”，在营造自家宅院时，除建筑面积稍大，在材料和装饰上与村民无异。这说明，豫西南传统村落建筑正是在特定历史阶段经济条件、制度约束、信仰崇拜等制约下就地取材、智慧利用、黜奢崇俭所形成的建筑风格（图1—17）。

图1-17　吴垭村吴登鳌民宅

五、豫西南传统村落建筑组群的戒备防御

墨子曰："居必常安，然后求乐。""安"有安适、安全、平安之意。豫西南传统村落建筑组群之"安"由两部分组成，分别是肉体之"安"与精神之"安"。肉体之"安"体现在建筑舒适度营造和防御。李允鉌认为中国传统建筑的构造设计是沿着以防御自然侵害为目的的道路而发展的。对不利的自然条件侵害的防御可以提高居住质量，保护身体健康。设重重关卡以满足戒卫需要，抵御战乱匪患，是对生命财产安全的保全，以达到肉体之"安"。

南阳新石器时代聚落遗址的发现说明，自新石器时代开始，南阳地区先民们逐渐改变了过去不断迁移的生活，开始了定居生活，逐渐从小型聚落发展为功能布局明确、带有防御设施的大型聚落。居址也从简单的半地穴建筑发展为建造技术先进的地面建筑。在大门的式样及构造上可以看出这种防御性，《南召县志·南召县建大门记》中也有关于建县大门的论述“门者县之喉，大门者县之冕也”。《阳宅十书》中说：“大门吉，则全家皆吉矣，房门吉，则满屋皆吉矣。”如南阳市宛城区瓦店镇界中村郑东阁民居防御，其大门门额、门边及门结实厚重，上设一过木承重，过木下鸡栖木连接门扇，两扇门置于条带状门枕石海窝内。门内侧设四道横木架，两道纵木架，设有木门闩上下各一个，铁门闩上下各一个。两侧檐墙每侧相对各设两个顶门棍洞，可以放两根横木顶门，顶门踏石上设三个顶门洞，可同时用三根木头斜角顶门，顶门洞外陡内陂，可有效防止顶门柱滑脱。由此可见此门的安全性极高，可谓是一套“层层设防、内外兼顾的多重防御体系”，由外及内分设门钉、厚实板门、四道门闩、两道横木和三根顶门木（图1–18）。这一方面是为求“安其居”的主动营造，体现了村民传统的安全意识和防护思想。另一方面也是由于战乱匪患的被动设计，说明古时当地战乱及匪患频繁。南阳地区作为兵家必争之地，“古兵冲，天下有事，受祸最烈”，晚清至民国年间，豫西南地区小股土匪猖獗，这里曾为除东北地区、广西地区之外小股土匪的第三大聚居地，村民时常遭遇土匪骚扰，被迫创造防御工具，民宅防御性营造更为坚固。南阳市社旗县朱集镇耿庄村大楼房村张须高、张须森民宅的明代老楼房建筑群，厚重的墙体，小尺度的门和窗，以及门后的重重防御曾在抵制当地李水沫土匪匪帮时做出过重大贡献。据村民介绍，当时全村的村民都躲至该楼房内，匪至难以进入（图1–19）。唐河县域也饱受土匪骚扰，“各村为防御土匪，

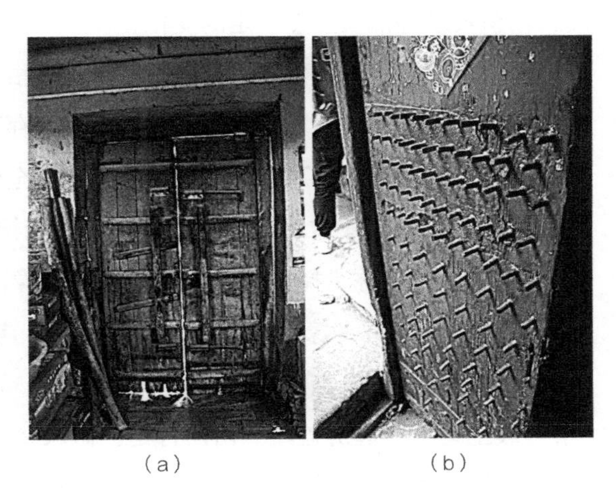

（a）　（b）

图1–18　郑东阁民宅大门

（a）郑东阁民宅大门内侧；（b）郑东阁民宅大门外侧

图1-19　大楼房村张须高民宅

于数村或数十村之中，择一修筑寨垣，平时将重要的物品存放于内，匪至则携眷牵牛逃入其中”，村民被迫修建防御设施以保全性命和财产。直到1950年全国集中剿匪后，匪患才逐渐平息，村落的建筑在防御性设计上逐渐减弱，墙体的厚度、门窗尺度等都发生了一定的变化。

精神之“安”在“信仰”与“祭祀”的民俗上得以体现。“信仰”与“祭祀”从建房之初就已经开始了，并以民俗的形式保存下来。云南大学李世武认为，中国的工匠在建房时除了要考虑房子如何建得坚固、美观、舒适，还要追求精神上的安宁。对于良辰吉日的择取便体现出对精神之“安”的追求。《南召县志》载：“择吉日，俗称‘择好儿’。”择吉显示了豫西南地区居民求宜禳忌的防御心理。于是，不论婚丧嫁娶、兴建土木、经商、考学及外出办事等，都要选择良辰吉日再进行有关事宜。逢吉日为“黄道日”，忌日为“黑道日”。《西峡县志》载：“破土动工、起房盖屋、出门行走、搬家垒灶、婚丧嫁娶都要看‘日子’。”豫西南传统村落建筑组群中，通常在正房的明间（堂屋）设祖先或佛道供奉。《内乡县志》中提到从中央到地方自上而下都有祭祀的习惯：“在京都有泰属之祭，在各府州有郡属之祭，在各县有邑属之祭，在一里又各有乡属之祭……敬神而知礼……护佑使其家道安和，农事顺序，父母妻子保守乡里。”豫西南地区传统村落平民百姓的居室中供奉的多为祖宗牌位、佛教道教中的“神仙”等。如南召县石窝坑石头村中设置的神龛（图1-20a），这些神龛更像是用石头建的微缩

（a）　（b）　（c）　（d）

图1-20　豫西南传统村落建筑内外的神龛

（a）石窝坑村道路旁的神龛；（b）周庄某民宅明间的神龛；
（c）界中村奎心安民宅厢房神龛；（d）吴垭村吴保林民宅明间的神龛

传统建筑。由于豫西南地区汉文化繁盛，从整个神龛的形制来看，其更符合汉代建筑的特点。《汉书》中多次记载神祇居穴，“吾乃今日睹西王母，皓然白首戴胜而穴处兮”“西北至塞外，有西王母石室”。远望这些石质建筑构件构成了一个“穴”的空间，这“穴”仿佛便是神祇修行与掌管的场所。神龛全为石质，虽然比例小，但是建筑构件齐全，甚至有着高于民居建筑的建筑构件或元素。台基、屋身、屋顶、屋脊齐全，甚至还设置了正脊的吻兽、山墙的墀头和檐廊。不同的是采用了石质拱形门洞，不设窗户，合瓦屋面，屋檐处还写实地刻出了瓦当和滴水，门洞内外设香炉。可见居民为求精神之“安”在神龛等设施上的精心设计。

第二章

豫西南传统村落建筑组群调研

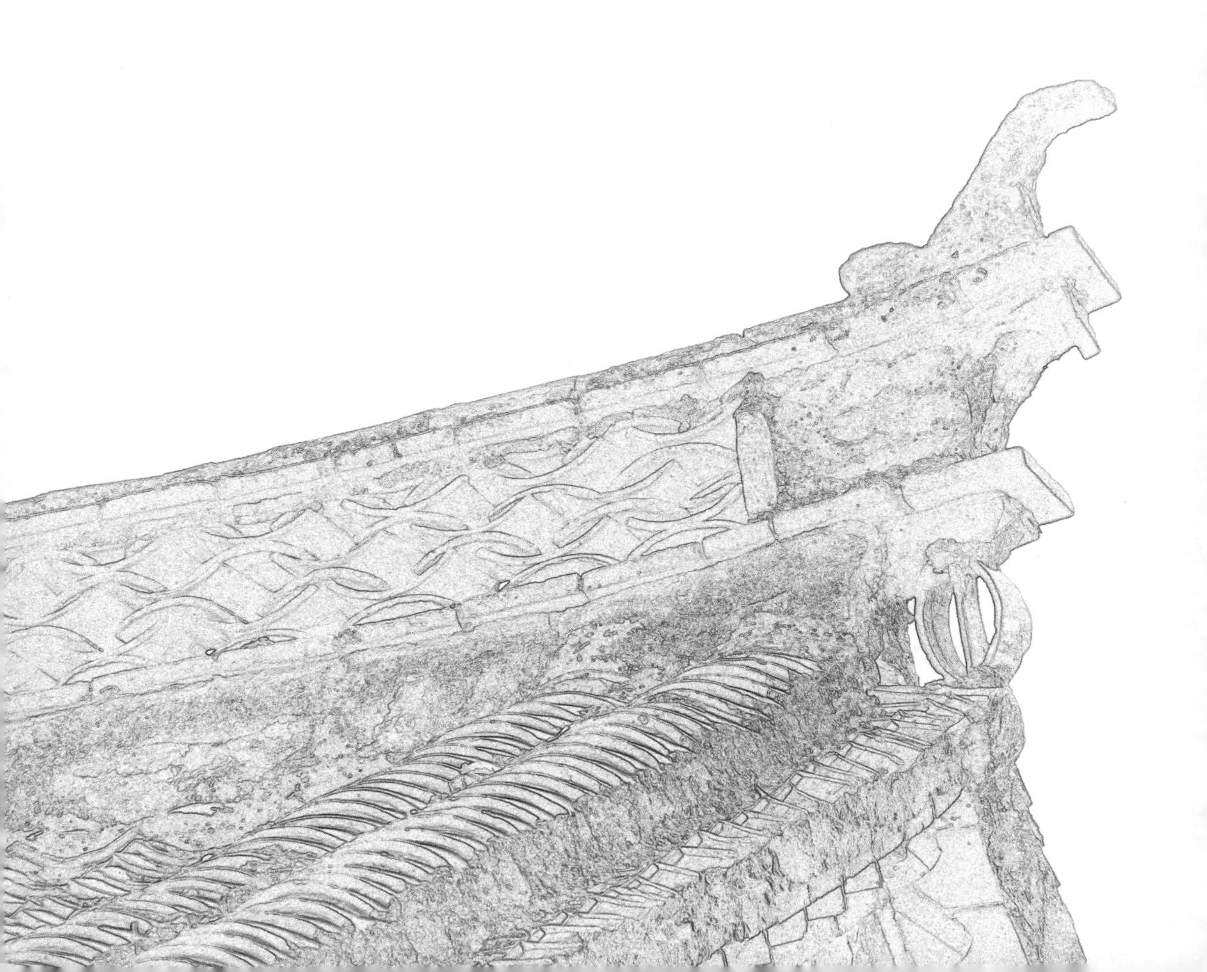

第一节　调研的目的、内容和过程

一、调研目的

实地调研对本课题的研究至关重要，其目的是获取豫西南地区传统村落建筑组群的一手数据资料。在调研中，调研人员采用多台单反数码相机、无人机进行拍摄，对村民和匠人的采访采用拍摄及录音的方式进行，包括照片、录像、采访录音、测绘数据等，这对于掌握该地区建筑组群现状具有重要意义。此外，调研过程中可以更深入地了解村落及其建筑组群的历史、地理、方位等各个方面的直观信息，同时为村落建筑组群的工艺美、材质美、功能美、空间美、生态美等美学特色寻找相应的论据支撑。

二、调研内容

对豫西南传统村落建筑组群的调研主要从物与人两方面展开。物的方面是调研的主要部分，相对较为客观，资料的获取难度也不算太大，但却是工作量最大的部分。通过拍摄和分析将所需的信息进行采集，基本能够还原事物的主要内容和特征，具有较高的准确性和可信度。其内容主要有地理环境、村落发展历史物证、现状、村落的形态、村落建筑的布局、功能、院落、建筑材料、建筑结构、建筑工艺、建筑装饰、建筑空间、建筑生态、美学特色、建筑美规律等。人的方面是调研的次要部分，但也是最难的部分，因为这部分受到主观因素的影响最大，调研对象主要由工匠和居民两部分组成，往往从其口述中获取信息，是否是真实再现取决于采访对象的记忆、选择、情绪、身体健康状况等多方面因素，虽然大部分受访者在采访中都十分配合，但主动诉说的情况较少，采访内容难免疏漏。工匠方面，中国传统建筑属于口口相传的技艺，历史上较少有针对传统建筑的资料、图册及文本。王澍说："中国传统的建筑既没有建筑师，又没有建筑史著作、建筑理论著作，也没有建筑设计的教科书，什么都没有，那么它存在于哪里？它就存在于活着的工匠体系里，存在于手作的经验之中。"这充分说明了工匠在中国传统建筑中的作用。豫西南传统村落建筑工匠已经极度缺乏了，通过对调研村落中村民的采访得知，传统民居建筑工匠大部分已经去世，即使健在的，大多年事已高，现在已经很少从事这方面的工作了。在课题组的调研中重点采访了三位工匠，分别是方城县袁店乡巴青生，社旗县苗店镇谢永彬、范瑞卿。居民方面，则是通过采访了解了村落及建筑的历史与现状、建筑材料准备及建造过程、风俗禁忌及居住情况等。

三、调研过程

由于受到豫西南地区调查范围、地形、经费等因素影响，课题的调研难度非常大。除此之外，突如其来的新冠肺炎疫情致使调研工作在2020年上半年被迫中断。后得益于政府防控得力，疫情趋于平稳，在下半年调研工作又重新开始，先后调研了几个典型村落。然而2020年末、2021年初，新一轮疫情又开始散发于全国各地，各地防控措施又趋紧，调研工作再次遇阻。

鉴于条件所限与疫情影响，课题组对豫西南传统村落建筑组群的调研采取由近及远、典型调查的思路，分别对南阳市10个县的17个村落展开调研。调查过程历时近两年，总行程2500余千米。调研条件艰苦，地形复杂，路上遇到了车辆损坏、交通阻断、走错村落、村民配合差、资料取证困难等各种各样的问题，但课题组还是克服困难，基本完成既定的调研任务，取得了大量的一手资料。

1．调研准备阶段

在调研准备阶段，课题组做了大量的前期工作。第一，准备了相关纸质书籍、电子书籍和研究论文，搜集了传统建筑营造技术的相关文献，并对地区方志进行了筛选、分析和整理；第二，购置、租借了相关测绘设备及工具，包括单反相机、无人机、激光测距仪、快速电子温湿度计、电子照度仪、表面激光温度计、卷尺等（图2–1）；第三，进行了详细的专业知识准备、完善和提升，调研前的前期专业知识培训三次，制作了详细的调研测绘表格一份、参考表格一份。将每一项需要获得的数据进行详细的分类和记录（由于时间、材料缺失、人员安排、经费不足等原因，尚有许多数据未能获取）；第四，明确了调研目的与目标，在时间、地点、人员、设备、费用、安全等方面制订了周密详实的调研计划。

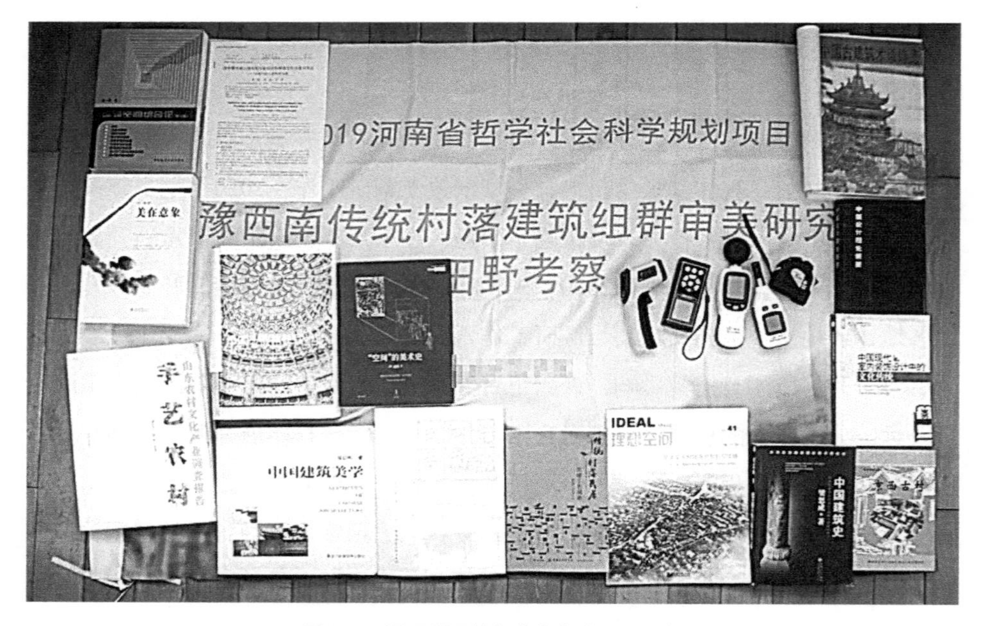

图2–1　调研所用的部分参考书目及设备

2. 调研实施

2019年9月15日对南阳市宛城区瓦店镇界中村、唐河县桐寨铺镇周庄村、张营村进行调研。课题组选取南阳周边地区宛城区三个典型村落（瓦店镇界中村、唐河县桐寨铺镇周庄村、张营村）的五个传统民宅（逯心安民宅、郑东阁民宅、孙永生民宅、李凤秀民宅、张奇瑞民宅）和两个传统村落公共建筑（界中村老醋厂、界中村关帝庙），进行了深入的调研（图2–2），对其中的典型传统民居进行了相机拍摄、无人机拍摄和详细数据测绘，并与主人和村民展开访谈，了解当地和民居的历史、文化风俗等，获得了一手的准确数据和调研材料。课题组成员一行10人，07:50驱车前往界中村，经过38km的车程，09:30到达界中村传统建筑组群。进行调研分组及重点调研内容布置后，调试仪器设备，展开调研。调研首先从郑东阁民居建筑组群外观开始，建筑群由李长丽民宅（调查时因房主不在未能进入调研）、郑东阁民宅、逯心安民宅和朱金榜民宅四合院（因房主不在未能调查此民居）四个院落组成。调研组对郑东阁民宅和逯心安民宅进行了详细的拍摄和测绘，并与逯心安老人进行了访谈。后到界中村老醋厂、界中村关帝庙建筑（现为界中村党员群众服务中心）简短考察。14:30结束界中村的调研，前往唐河县桐寨铺镇张营村，对李凤秀民宅、张奇瑞民宅建筑组群进行了调研、拍摄及测绘。18:30结束调查驱车返回，20:30到达南阳。

2019年10月19日对淅川县仓房镇磨沟村、香严寺进行调研。课题组成员一行3人，08:00自南阳出发，经过160km的车程，11:10到达淅川香严寺，这是一座有着千年历史的古寺庙，寺内规划严整，为多进院式公共宗教建筑，建筑整体保存完好，保留着清代光绪五年重修的大雄宝殿、藏经楼、菩萨殿、钟鼓楼等多座传统木式建筑。14:00结束对香严寺的调研。香严寺距磨沟村约3km路程，14:10到达磨沟村，得到三位村民的热心配合，带领课题组成员考察了村落的周边环境和民居建筑组群情况（图2–3）。磨沟村南北走向，背靠大山，前有道路和河流，村落民居建筑式样多为悬山式。课题组重点对李春会民宅、李万华民宅开展了测绘、拍

图2-2　界中村调研

（a）调研组界中村老醋厂院内合影；（b）调研组界中村郑东阁民宅前合影
（c）调研组界中村关帝庙前合影；（d）调研组唐河县桐寨铺镇张营村合影
（e）界中村民宅建筑组群；（f）调研组测绘

（a）

（b）

图2-3　淅川县仓房镇磨沟村及香严寺调研
（a）香严寺外景；（b）磨沟村调研

摄、访谈，并通过李万华民宅前不远处所立《李氏先祠记》石碑所刻文字和访谈了解了村子的历史。17:15结束调研驱车返回，19:45到达。

2019年11月6日，对西峡县丁河镇木寨村、西峡县五里桥镇黄狮村进行调研。课题组一行8人，09:00自南阳出发，经过135km的车程，10:50到达西峡县丁河镇木寨村进行调研（图2-4）。拍摄了现已改造为西峡猕猴桃展览馆的两座老宅。这两座老宅原为该村兄弟二人居住，现经改造两宅隔墙拆掉打通，屋顶、墙

（a）

（b）

图2-4　西峡县丁河镇木寨村调研
（a）西峡县丁河镇木寨村广场；（b）西峡县丁河镇木寨村建筑组群

体进行了修整，改造为展览馆，主要展览西峡猕猴桃。虽经改造，但依然保留了两宅的穿斗式木结构框架。在五里桥镇黄狮村主要调研了其美丽乡村建设及公共建筑九柏关帝庙。15:30结束调研驱车返回，18:00到达南阳。

2019年11月9日，对桐柏县叶家大院进行调研。课题组一行3人，08:00自南阳出发，经过135km的车程，10:00到达叶家大院（图2–5）。叶家大院现已改造为桐柏革命纪念馆。15:30结束调研驱车返回。

（a）　　（b）

图2–5　桐柏县叶家大院调研

（a）桐柏县叶家大院外景；（b）桐柏县叶家大院庭院

2019年11月16日，课题组一行8人，对方城县柳河镇文庄村、段庄村、袁店乡四里营村进行调研（图2–6）。07:00从南阳出发，经过70km的车程，09:10到达袁店，后前往文庄村对文宗玉民宅、王玉芳民宅展开调研，对王玉芳民宅进行了无人机航拍。12:30结束文庄村的调研。13:30对四里营村展开调研，重点调查了该村的特色屋脊脊兽。14:20结束四里营村的调查。经过15km的车程，14:50到达柳河镇段庄村，对其民宅展开调研，并进行无人机航拍。

2019年11月16日，调研组在结束方城县段庄村的调研后，16:00到达南召县石窝坑村，对其开展调研（图2–7）。重点调查了朱贵发民宅、武运江民宅。18:00结束调研驱车返回，经过70km的车程，20:10到达南阳。

图2-6　方城县传统村落建筑组群调研

（a）文庄村文宗玉民宅调研；（b）文庄村王玉芳民宅调研；（c）段庄村民宅调研；（d）四里营村民宅调研；（e）无人机拍摄；（f）文庄村居民访谈

2020年9月27日，课题组一行7人，对唐河县马振抚镇前庄村（图2-8）、桐柏县程湾镇石头庄小北庄村开展调研（图2-9）。课题组07:00从南阳出发，经过

（a）

（b）

图2-7　南召县云阳镇石窝坑村调研

（a）石窝坑村村口；（b）武运江民宅调研

（a）

（b）

（c）

（d）

图2-8　唐河县传统村落调研

（a）唐河县马振抚镇前庄村调研；（b）前庄村居民访谈1；

（c）前庄村居民访谈2；（d）唐河县域传统村落调研

（a）

（b）

图2-9　桐柏县传统村落调研
（a）桐柏县域传统村落调研；（b）桐柏县程湾镇石头庄小北庄村调研

95km的车程，09:00到达前庄村大河沟，对村落建筑展开调研，并对村民王国文夫妇和另一村民进行访谈，详细了解了村落的历史及民间故事。11:30课题组结束调研。13:30到达桐柏县程湾镇石头庄村，对小北庄自然村展开调研，15:30结束调研驱车返回，18:00到达南阳。

2020年10月1日，课题组一行2人，对镇平县二龙乡老坟沟村的典型民宅进行调研（图2-10）。08:00从南阳出发，经过60km车程，09:30到达该村，对村落建筑展开调研。11:30结束调研，沿途考察二龙乡部分村落，15:00驱车返回，17:30到达南阳。

图2-10　镇平县二龙乡老坟沟村调研

2020年10月4日，课题组一行3人，调研桐柏县城郊乡刘湾村和桐柏佛教学院。08:00从南阳出发，经过150km车程，10:30到达该村，对村落一座典型民宅展开调研。12:30结束调研，14:00到达桐柏河南佛教学院，对佛教学院建筑组群展开调研，16:30结束调研返回，19:30到达南阳（图2-11）。

（a）　　　　　　　　　　　　　　　　（b）

图2-11　桐柏县城郊乡刘湾村调研
（a）桐柏县城郊乡刘湾村某宅室内；（b）桐柏县城郊乡刘湾村某宅室外

2020年10月18日，课题组一行7人，对内乡县乍曲乡吴垭石头村、邓州市十林镇习营村开展调研。07:00从南阳出发，经过85km车程，08:30到达吴垭石头村。课题组对村落的整体环境进行了详细拍摄，重点对吴保林民宅、吴登鳌民宅进行了详细的测绘及拍摄，并通过无人机拍摄村落周边环境，在调研中对吴保林夫妇和村中村民进行了访谈（图2-12）。14:00驱车前往邓州市十林镇习营村，经过40km的车程，15:20到达习营村，对村落环境及建筑进行了拍摄（图2-13）。16:30结束调研，19:00到达南阳。

2021年3月14日，课题组一行6人，对社旗县朱集镇大楼房村开展调研，拜访苗店镇老木匠，拍摄传统木作工具，与苗店镇退休教师谢永彬、苗店镇退休房管所所长刘万营进行访谈。07:30出发，经过65km的车程，09:20到达苗店镇，与谢永彬老人会合后，一行10人前往朱集镇大楼房村，对村落的整体环境进行了详细拍摄，并重点对张须高民宅、张须森民宅进行了详细的测绘及拍摄，对张须高夫妇和村中村民进行了访谈，获取了该建筑组群申报文物保护的材料（图2-14）。11:00结束拍摄后到苗店镇老木匠家中拍摄传统木作工具并进行访谈（图2-15）。12:30结束上午的调研访谈。13:30在谢永彬家中对谢永彬、刘万营等3人展开访谈。15:30结束，17:40到达南阳。

图2-12　内乡县乍曲乡吴垭村调研

（a）内乡县乍曲乡吴垭村村口；（b）内乡县乍曲乡吴垭村调研；（c）课题组测绘1；（d）课题组测绘2；（e）居民访谈1；（f）居民访谈2；（g）居民访谈3；（h）照度温度测量

(a)

(b)

图2-13 邓州市十林镇习营村调研

(a)习营村调研;(b)习氏宗祠调研

(a)

(b)

(c)

(d)

图2-14 社旗县苗店镇传统村落建筑组群调研

(a)社旗县苗店镇谢永彬家中访谈;(b)社旗县朱集镇民宅调研;
(c)朱集镇大楼房村张须森民宅调研;(d)朱集镇大楼房村张须高民宅调研

（a）　（b）

图2-15　社旗县传统木作匠人调研

（a）传统木作工具调研；（b）社旗县传统木作工匠工坊调研

2021年10月17日，课题组一行6人对宛城区瓦店镇李靖庄开展调研（图2-16）。14:30出发，经过50km的车程，15:30到达李靖庄。与村负责人会合

（a）　（b）　（c）

（d）　（e）

图2-16　宛城区瓦店镇李靖庄调研

（a）李靖庄拆毁的百年老宅；（b）孙宝义民宅调研；（c）李靖庄拆毁的夯土建筑；

（d）与孙宝义夫人合影；（e）施松波民宅内部

后，课题组对村落的整体环境进行了详细拍摄，并重点对施松波民宅、孙宝义民宅进行了详细的测绘及拍摄，还对孙宝义夫人进行了访谈。17:30结束调研，18:40到达南阳。

第二节　调查的基本情况

一、地理环境

豫西南地区地理环境复杂，区域内有众多的山脉、水系及平原，属于山地、丘陵、平原组合而成的盆地型地貌类型，其中山地面积为9709km^2，占总土地面积的36.5%，丘陵面积为7908km^2，占总土地面积的30%；平原面积为8911km^2，占总土地面积的33.5%。该地区气候也较为适宜居住，属于典型的大陆性半湿润气候，日照充足，全年总太阳辐射量可以达到4463.43～4846.01MJ/m^2。年平均气温在25.1～26.7℃之间，年均相对湿度69%～75%，体感舒适，温差小，少极端天气。年平均降水量在703.6～1173.4mm之间，利于作物生长。

《河南省南阳地区地理志》载："南阳地区位于河南省西南部，属南襄盆地北区。北靠伏牛山，东扶桐柏山，西依秦岭山，南临汉江，绵三山而带群湖，枕伏牛而登汉江，是一个三面环山、南部开口的山间盆地，区内气候温和，雨量适中，河流密布，土地肥沃，物产丰富，资源富饶，人口众多，交通发达，历史悠久，文化灿烂，是河南省最早开发的地区之一。"对该地区地理环境的描述在文学作品和古籍文献中也时常见到。"西峡孤征客，黔驴怯冻沙。日悬苍岭镜，云坠碧川花。原野烟林晚，关城驿路斜。解鞍投宿处，乘月到山家。”清代庞淳的诗描绘了西峡县山村人家美丽的自然环境。南阳地区地理环境复杂，区域内有众多的山脉、水系及平原。唐代诗人薛能在《伏牛山》中描写豫西南地区伏牛山脉周边山地村落环境：“虎蹲峰状屈名牛，落日连村好望秋。”唐代诗人李白《游南阳白水登石激作》则描写了南阳白河周边的村落环境景色：“朝涉白水源，暂与人俗疏。岛屿佳境色，江天涵清虚。目送去海云，心闲游川鱼。长歌尽落日，乘月归田庐。”其诗中可见沿白河形成的村落与周围的良田美宅。雍正时期的《河南通志》描述当时南阳府各下辖县地理环境：“……唐县天封耸翠桐河夹流……镇平县骑立接五峰之秀龙湫合赵水之流；桐柏县胎簪耸其秀，淮水发其源；邓州六山障列，七水环流，舟车会通，地称陆海；内乡县丽金玉照，据西北之区，潢水菊潭，固东南之险；新野县荆山屹孤，阜于西北，栗水汇众流于东南；淅川县岵山接崖山而并秀，丹水引淅水而同流，裕州大乘表其前方，城镇其后。”古时豫西南地区交通便利，陆上交通大动脉有武关道、三鸦道、方城道、东南道及宛郢道等，是联通中原地区的交通要道，有“中原要冲”之称，可谓“西通武关，东接江淮，南蔽荆襄，北控汝洛。”水上交通也相对发达，区域内有丹江、唐河、白河、湍水等河流具有航运功能，辖区各县之间通过水路也往来频繁，据民国时期冯紫岗和刘瑞生所编的《南阳农村社会调查报告》中述：“南阳水路交通可称绝无仅有，只夏秋间白河水涨时，方可通行帆船。另外有唐河，亦能通行船只，抵南阳十区的赊旗镇（今社旗县城）。”在民国时期当地便利的交通运输条件为地区的发展提供了交通基础。由上述文献可知，自古以来豫西南地区传统村落环境便是山环水绕、峰峦秀丽、环境雅洁、交通便利，自然地理环境条件较为适宜居民居住和村落发展。多种类型的丰富地貌和地区间的交流决定了各下辖县域传统村落的不同样态（图2−17）。

图2-17　清康熙年间湍河周边环境村落情况

二、豫西南传统村落发展历史概况

远古时代豫西南地区的南阳已有人类聚居繁衍，以淅川县为例，根据资料，淅川县“境内群山环抱，丹江流灌其间。在原始社会，丹江沿岸就分布着不少的部落，这些部落的居民在这块土地上进行生产劳动，并留下丰富的文化遗存。”此外南阳还有大量的文物及建筑古迹可考，从新石器时代到汉代发现了下王岗遗址、马岭遗址、水田遗址、王家村遗址等23处聚落遗址。有些村落至今还保留有少数明清时期建筑遗存，如荆紫关镇南、中、北街村，土地岭村传统民居建筑群等。这些都证明了在不同时代都有居民聚居于此。虽然历代屡有兴衰，但南阳一直是中原重镇，春秋战国时期曾为中国四大城市之一，西汉末年为中国六大城市之一，东汉时期为陪都。得益于大都城的便利条件和辐射效应，豫西南地区城镇与传统村落的形成和发展较早，历史积淀深厚。

现存的传统村落多形成于明清时期，部分村落甚至有更早的记载。人具有趋利避害的本能，受到人口自然迁徙和战争等因素影响，村落的形成多是“择吉而迁”。当地自古还有“好商贾”的风气，为了让生活更为便利、更容易生活与耕作，选择在水土丰饶之地或交通发达之处聚居形成村落。如南阳市宛城区瓦店镇界中村，在白河东岸形成聚落，周边土地肥沃，利于生产、生活和族群繁衍，另外交通相对便利，紧邻交通要道，便于开展商业活动。该地区由于是盆地地形，且土地肥沃，自古为兵家必争之地，每有战事该地往往为“受祸最烈”之地，为了在战争年代“苟活乱世”，选择隐蔽之处以保全性命。很多选址在山地的村落便属于此种类型，如内乡县乍曲乡吴垭村，经过一代代繁衍生息，聚居地建筑数量及规模不断扩大，得以形成如今的村落。因此，现存的村落都是经过自然环境和历史考验的。

新中国成立以后，一段时间内百废待兴，经济条件差，建筑材料等极度匮乏，虽村落规模有所扩大，但总体发展仍较为缓慢。更为遗憾的是在“文革”中，一些村落逐渐没落，建筑组群也遭到了不同程度的毁损。直到20世纪七八十年代，村落的发展才进入繁盛期，特别是改革开放以后，人民安居乐业，生活条件不断改善，正像歌谣所唱：“吃不愁，穿不愁，腰里不离十块头，媳妇到屋又盖楼”“这忙儿到那忙儿，都是新瓦房儿。”村落规模逐渐扩大，建造了大量的民居建筑及公共建筑。传统村落借着改革开放的春风，经济条件逐步利好，建筑材料推陈出新，很多村民自发将草屋、瓦房推倒重建，形成了现在所见的大部分是砖混结构的建筑式样（图2−18）。

图2-18　西峡县丁河镇木寨村的新式民宅

三、豫西南传统村落建筑组群现状

豫西南传统村落的民居建筑及公共建筑保存现状不一。山地村落中建筑组群保存相对完整，基本保存了村落建筑原有的建筑风貌和地域特征，如南召县石窝坑石头村、内乡县吴垭石头村、淅川县土地岭村等。这些保存完好的建筑组群多为合院布局，材质上多为木质梁架、石头垒砌，由于石头耐雨水侵蚀，保存相对完好。在平原地区的村落中，则多以现当代建筑为主，传统建筑多为木质梁架，土坯或夯土材质，少数用砖土混合或砖石、土石混合材质，屋顶多为瓦顶，极少数沿用草顶。现存的传统民居建筑及公共建筑数量已经十分稀少，保存情况不容乐观，每个村落传统建筑组群数量屈指可数，且亟待修缮。保存完整的建筑组群多位于交通不便的山地地区，以伏牛山区最多，这些山地村落坐落于偏僻的山坳或山谷中，离于凡尘，具有相对独立性，在战争中不易波及，得以幸免，这也是这些传统村落建筑组群得以完整保存的重要原因之一。同时，村落建筑组群总体布局优美，建筑手法朴拙，与环境关系密切。如内乡县乍曲乡吴垭村（图2-19），

图2-19　内乡县乍曲乡吴垭村现状

石人山、老虎岭、棋盘山和马鞍山环绕村落周边，群山为壁，坐落其中，这种山谷地带的地形特征让整个村落出奇地清静，充满了超脱世外的生活哲学，恰似道家“壶天”模式，任凭山峦之外的城镇比肩接踵、车嚣马喧，壶腔之内却别有洞天。

第三节　村落建筑组群规划

一、村落及建筑组群选址

自古以来豫西南地区村落众多，特别是浅山区和深山区，山中古驿道两侧、河流周边、地势平坦区等，村落较为密集。由于交通和经济条件所限，村落及建筑组群保存较为完整。《方城民俗志》载："平原地区村庄较稠密，通常是三里五村……丘陵地区村庄隔岗隔岭距离远，同一岭侧较集中。山区村庄比较稀疏，唯同一道山冲、河流边相对集中。"

影响村落选址的因素之一是自然迁徙"择居"产生。从古至今，选址定居都是人生的大事之一。居安则体康，居安则家和，居安则乐业。因此对居所的位置及方位选择尤其重视，聘请工匠指导居民进行村落及居所的选址营建，对居所的位置、朝向、建造时间等进行筛选，以便创造宜居的生活环境。藏风聚气的环境理想模式及山水如画的环境景观效果是提高生活质量的重要内容，中国传统建筑对于择居的注重体现了居者和工匠具有天人合一的环境整合观念和避凶趋吉的环境心理需求。《内乡民俗志》载："古往今来，选择村址，无不从有利于村民的生产、生活出发，以利图存发展，并受政治、经济、自然条件的约束。在自然条件上，一讲出路，二讲水源，三讲耕地多少、肥薄，四讲背向……好者依山傍水，避风向阳，交通方便，土地肥沃。内乡地处伏牛山南麓，地势北高南低。村址选择坐北朝南者多，而山区居民则喜欢选择背山面水的台地或山坳建村。其优点是有水利而无水患。"所谓："面水眼阔通四海，背山根深广聚财。"如淅川县仓房镇磨沟村，该村选址于伏牛山深山区，距离淅川深山千年古寺香严寺仅有2.5km的路程。磨沟村多李氏族群聚居，村落东部有一条小河自北向南流过，一条村镇主干道纵贯南北，村落建筑西倚群山，建在深山相对平坦的山腰上，整体掩映在茂林修竹间，一股清流映带村前，可谓是"依山傍水"，周边又有名寺古刹，位置坐落极佳（图2–20）。村落整体呈现南北向条带状，村落中的民居多坐西朝东而建，但也散在地分布多座坐北朝南的民居建筑。就单体建筑来说，以李万华民宅为例，该民宅位于村落主路西第二排接近村落中心的位置，坐北朝南，选址依照地形、采光、排水、通风等条件而建，利于居住（图2–21）。

聚族而居是村落选址的第二个主要因素，带有自发性和偶发性。聚族而居是村民顺应、利用、融合或驾驭自然的最有效的方式之一，也是村落建筑组群发展

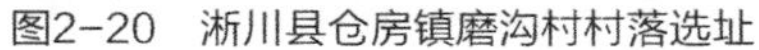

图2-20　淅川县仓房镇磨沟村村落选址

图2-21　磨沟村民居选址

的内在动力。聚居在一起的村民逐渐繁衍形成村落，甚至村落的名字都以族群的姓氏等进行命名。竖立在淅川县仓房镇磨沟村李春会民宅门前的一块碑刻清晰地描述了淅川县仓房镇磨沟村李氏先祖迁徙到此的时间，并描述了聚族而居的细节，碑文记载："自古栖神必有庙，庙之为言貌也，所以象元人之貌者也。爵者祭于庙，无爵者祭于寝。寝即居室之谓，后世乃别营□宗祠。李氏之居于磨沟地方在前明隆万间，迄今已九世矣。三□一祠期于春秋佳节，合姓之长幼罗拜其中，以妥先灵于□。既衍人多他迁徙，渐有本属一宗而相遇不相识者。本不一辈合者本不一行，而称号反相重复者，昭穆之不辨。由于谱系之食之乳未之举也。今凭众议为□制五言四句勒之于石，共□世以一人字为派。从此而下至二十世亦可若纲，在纲有条□一处，亦勒之于石，永为春秋祭扫。会合族人之公费，不得持□，更不得鬻族人诸如此类，后廿而行之不相坳捩。庶乎人而不至得罪，下可以□后昆而使之昌炽矣。孰意此碑至□二年冬，偶然倒地，碑亦损伤。签曰此不祥之兆也，后合户果□□。二十八年冬合户，商议此碑所开者，重安得坐视是以合户钱捐出另立新碑，仍照旧章又续二十字，共四十字为派……清光绪二十八年十二月二十日 合户族人"（图2-22，□为缺失碑文）。由碑刻判定至少在明隆万间，磨沟村李氏族群就迁徙到此繁衍生息，甚至在之前就已经有其他族群定居于此，迄今已有450多年。

不可抗力是影响村落选址的第三个因素，由于灾害、战争等不可抗力的影响，人们被迫在某个地方繁衍生息。如《方城民俗志》中记载方城部分村落的形成原因：方城村落的形成，除了古代人们“逐水草而居”，或“聚族而居”的原因外，还由于明末战争频仍，人民颠沛流离，户口锐减，山西、陕西、河北等省居民流入方城建立村庄……人们繁衍生息，发展建设，逐渐形成今天星罗棋布的村落。村落多依山傍水，邻近官马大道。

图2-22　淅川县仓房镇磨沟村李氏先祠记碑刻

根据调研情况及文献资料来看，豫西南传统村落的选址，在方位等的选择上也变化多样，往往择平原、山间盆地、谷地、河流及道路两侧，自然地理环境优美、交通相对便捷、生物和物产丰足多样。如西峡县，《西峡县志》记载：“西峡境丘陵、平原区乡民大都聚族而居，自成村落。山区居住分散，小村、独户多依山水走势采阶梯式分层居住。”

通过查阅豫西南地区志，并与村落村民访谈得知，古时对自然的认识有限，人们普遍认为建筑物的营造和村落的选址事关自家或族人生命安全，为趋利避害，在营造之初会将居住环境因素的优劣作为重要的参考标准来综合研判。中国传统的居住模式为村落建筑的选址提供了一种文化的范式，古人选址上早有判断，《春秋·管仲》载：“故圣人之处国者，必于不倾之地，而择地形之肥饶者，乡山，左右经水若泽。内为落渠之写，因大川而注焉。”这实际是想选择一种“玄武垂头，朱雀翔舞，青龙蜿蜒，白虎驯俯”、依山傍水、山水环抱的理想居住环境。

理想化范式毕竟是少数，大部分也并非绝佳的理想环境，而且环境也并非定数。因此，大部分豫西南传统村落建筑组群选址更为灵活。以南阳市宛城区瓦店镇界中村村落选址与布局为例，这里古为宛南重镇，是享誉南北的驿站，水陆交通方便，清代至民国为宛南货物集散地。光绪年间《新修南阳县志》记载：“瓦店，是谓林水驿……地濒淯水（白河），民习舟楫，帆樯出入时有赢余，其市多菽麦，亦有麻油、枣、梨，夏秋乘水涨下舟宛口输之。”可见，当时瓦店白河通航情况佳，为商贾云集之地。“人之居处，宜以大地山河为主。其来脉气势，最大关系人祸福，最为切要。”界中村位于瓦店镇南约8km处，南阳主要河流白河的东岸，白河全长328km，清代时仍然为夏季水路运输的重要通道，虽清末通航能力下降，但光绪年间仍然“三日夜可抵宛口达汉”。此外，此地还处于古宛郢道出南阳城的关键交通位置，是联通南阳盆地与江汉平原间的主要通道中的关键驿站。村落建筑群距离白河400余米，邻路近水，村落整体呈团状形态。白河两岸是冲积平原地形，气候适宜，四季分明，土厚水丰，既利耕种又利灌溉。靠近省道，交通便利，村落中民居建筑顺道路而建，大部分坐北朝南，部分沿中心主路坐东朝西或坐西朝东而建（图2–23）。村落选址及格局良好，当地谚语云：“水抱边可寻地，水反边不可下。”位于白河中上游的一段倒“S”弯处，处于汭位。村落空间具有半围合感，“或从山居或平原，前后有水环抱贵”虽非中国传统理想居住环境的典型范式，却也有河流肘臂环抱之势、回环含情之意。界中村地势东北高西南低，利于排水，不易面临水患，地势和村落与白河流向一致，这在选址上是较为合理的。且界中村选址所在地为平原，树木成林，土壤肥沃，温度适宜，取水方便，这些便利的条件为村民的长期定居提供了可能，也为建筑材料的供应提供了保障。同时，便利的水运、陆运交通，也为村落经济的发展提供了支撑，使

图2–23　界中村卫星图

得所在的瓦店镇在清末以前还仍然能够成为古宛郢道重要的交通枢纽。因此，综合各方面的分析，该地是符合较理想的人居环境选址要求的。

村落中以家庭为单位的建筑及院落的选址更受重视。谚云：“有钱难买面南房，冬天暖和夏天凉。”李渔《闲情偶寄·居室部·向背》中提到：“屋以面南为正向。然不可必得，则面北者宜虚其后，以受南薰；面东者虚右，面西者虚左，亦犹是也。如东、西、北皆无余地，则开窗借天以补之。牖之大者，可抵小门二扇；穴之高者，可敌低窗二扇，不可不知也。”往往因地制宜，根据方位和环境进行选址和建房（图2–24）。《西峡县志》载：“建房多选坐北面南，冬暖夏凉之宅基。境内多山，走向不一，盖房亦因地制宜，房屋多建在背山面水之山坡下，或阳坡山凹中。”选址还注重地形的变化，追求前低后高，“房舍忌似平原，须有高下之势。不独园圃为然，居宅亦应如是。前卑后高，理之常也。”《淅川县志》载：“农村建房，大多坐北朝南；山坡丘陵，则依山就势，分层建筑。”社旗县《苗店镇志》对当地住宅选址的记载：“以背风向阳，干燥亮堂，出路、排水顺畅为好。整体应前低后高，南北向呈长方形，多边地、三角地、仄棱地、前高后低均为不吉之宅”（图2–25）。

中国自古择居建房讲究相地选址，南阳地区传统村落亦然。《诗经·绵》颂曰：“爰始爰谋，爰契我龟，曰止曰时，筑室于兹。”《诗经·大雅·公刘》有云：

图2–24　前低后高的文庄村王玉芳民宅

图2–25　郑东阁民宅长方形布局

“既溥既长，既景乃冈，相其阴阳，观其流泉。”先秦时期中原地区通过占卜来相地的传统一直流传下来，“择居、择吉”等现象普遍存在。汉代《释名》有云：“宅，择也，择吉处而营之也。”《三元经》云：“地善即苗茂，宅吉即人荣。”又云：“人之福者，喻如美貌之人，宅之吉者，如丑陋之子得好衣裳，神采尤添一半。若命薄宅恶，即如丑人更又衣弊，如何堪也。故人之居宅，大须慎择。”“人因宅而立，宅因人得存，人宅相扶。感通开地，不可独信命也。”在豫西南地区各县的县志中关于建房选址的记载十分普遍，可见在建房时对居住环境选择的重视程度是很高的，也体现了当地居所营造时的民俗。

在中国传统择居的民俗文化和生活经验的基础上，村落居民自发或在工匠等指导下形成并延续了实用且灵活多变的民居建筑选址的生态“规范”或“模板”（图2–26）。这些范式在物质资料严重匮乏的过去和环境危机日益严重的当下对

图2–26　唐河县马振抚镇前庄村某宅

于自然资源的减耗使用、居民生活质量的提高和中国传统生态文化的传播起到了至关重要的作用，充分体现了先人在建筑选址上的“生态”思考。通过卫星图像和实地调研发现，民居对于选址重视的同时似乎又带有很强的随机性，不规则地“随意”规划与排布。在选址上呈现出沿山河、道路、田地分布的特点，其中方城县文庄村、段庄村、四里营，宛城区界中村传统村落的地理位置多沿肥沃的平原、道路或河流，淅川县磨沟村、南召县石窝坑村的传统村落多位于浅山或深山谷地平坦区域。山地村落民居在布局上多为三合院或四合院，房屋朝向多坐北朝南或依地形、道路、河流等。

二、排水与交通

1．排水

古语云：“善沟者，水漱之；善防者，水淫之。水势自高而下为沟，必顺其势不可逆也，沟之善者水行。”豫西南地区地处秦岭淮河一线，属于大陆性半湿润气候，年降水量较大，特别是到了夏季，雨水丰沛，极易造成水害。为遮蔽风雨，防“润湿伤民”，建筑组群注重对于雨水的防护。下面从建筑物屋顶的排水、院落的排水、村落的排水三个方面来分析。

第一，屋顶的排水。古代工匠在营造活动中总结出通过调节下檐与屋脊的高度差来调节屋顶坡度，以利于排水。林希逸所著《鬳斋考工记解》中对草屋顶和瓦屋顶的排水坡度问题解释道：“葺屋，茅盖屋也，此言屋上泻水之势，下檐去屋脊其斗峻之势，以三分为率。假如屋深九尺，则檐低于脊三尺，若瓦屋则多一分以为峻也。”豫西南传统村落建筑的屋顶多为硬山式双坡屋顶，在淅川县仓房镇磨沟村、桐柏县城郊乡刘湾村等传统村落中也有悬山式屋顶。根据调研，一般以五架梁为主，宛城区瓦店镇界中村郑东阁民宅最具代表性。也有采用三架梁的建筑规格较高的民居建筑，如方城县柳河乡文庄村王玉芳民宅、社旗县朱集镇大楼房村张须高民宅、社旗县赊店镇丁岩民宅等都采用的是三架梁。一般在屋顶进深一定的情况下，屋顶的架数越多，其屋顶坡度就会越小，因此豫西南地区传统村落建筑的屋顶坡度相对较大，这也跟湿润多雨的气候有直接的关系。硬山式屋顶和悬山式屋顶都采用“人字坡”，利于屋顶排水，屋顶两坡苫瓦，极少数沿用草顶，屋顶坡度适中，便于屋顶排水，雨水顺流而下，不阻不滞，排水顺畅（图2–27、图2–28）。

图2–27　界中村民宅屋顶

图2–28　文庄村民宅屋顶

第二，院落的排水。豫西南传统村落建筑多为合院，正房、厢房、倒座房的前后檐墙下有的设有散水，一般为石头或水泥等材料铺设，以排水沟或地面径流自然排水为主，地面一般北高南低，正房一般处于较高的台基上，利于雨水自然排出。院落内较少设置排水管道，雨水顺大门口或旁边的排水口排出院外，一般很少出现院落中积水的情况（图2–29）。

第三，村落的排水。在南阳传统村落中，少有专门的排水系统，主要通过在院落设置一定的坡度或因势利导来组织村落及民居建筑的排水。如方城县段庄村街巷承担了村落和建筑的自然排水功能，雨水或生活污水根据地形高差自然形成地面径流排放到河流、池塘或低洼地，地面径流对于村落的自然生态平衡也起到了一定的作用。地面径流的流向通常与村落道路或小巷等重合，道路承担了交通与排水的双重功能。如方城县段庄村有一定的地面高差变化，雨水沿街巷汇集并流入周边的农田、小湖泊与河流。有的村落设置有排水沟，如南召县云阳镇石窝坑村可以看到河道两侧垒砌的石头围护中有多个排水口（图2–30）。

（a）　　　　　　（b）

图2-29　吴垭村民宅排水

（a）吴保林民宅排水；（b）吴新明民宅排水

（a）　　　　　　（b）

图2-30　南召县云阳镇石窝坑村排水

（a）石窝坑村排水口1；（b）石窝坑村排水口2

2．交通

交通系统是传统村落连通周边村镇与城市的“血管”与“脉络”，村落中的交通组织通常和村落的布局关系密切，由于豫西南传统村落地形复杂多变，所以交通组织形式多样，一般为主次干道与主次巷道相结合。村落在平原地区的，交通组织相对简单，为主干道主导的网状交通系统，交通系统具有对称性与规律性。村落在山区的，交通则跟地形结合更为紧密，呈现出均衡性和随机性。

以内乡县乍曲乡吴垭村为例，从图2-31可以看出，整个村落的交通由一条蜿蜒曲折的主干道和穿插在村落中的五条主要巷道组成树状交通系统。主干道是连接外部的唯一通道，由外部连接到村落中心广场。在中心广场的西侧有一条主巷道通向一处单独的院落，在中心广场东侧有四条主巷道分别通向金桂院、三叉古柏、五百年黄楝树、竹园、吴登鳌民宅、祖坟地等主要景观区域。次巷道主要是连通各个院落，宽度在1.8m左右的主巷道和五条主要街巷，俯瞰犹如一棵虬枝盘旋的古树。方城县柳河镇段庄村的交通组织则沿一条村落间的主要交通要道和一条分支道路组织，形成“人”字形道路骨架，村落内部为规则的网状巷道交通。淅川县仓房镇磨沟村村落沿道路一侧布局，以这条主干道为主，村落内部形成网状的村落巷道。宛城区瓦店镇界中村为一条主干道穿村而过，这条主干道在古时为宛郢道，两侧村落建筑群内部巷道形成网状结构。

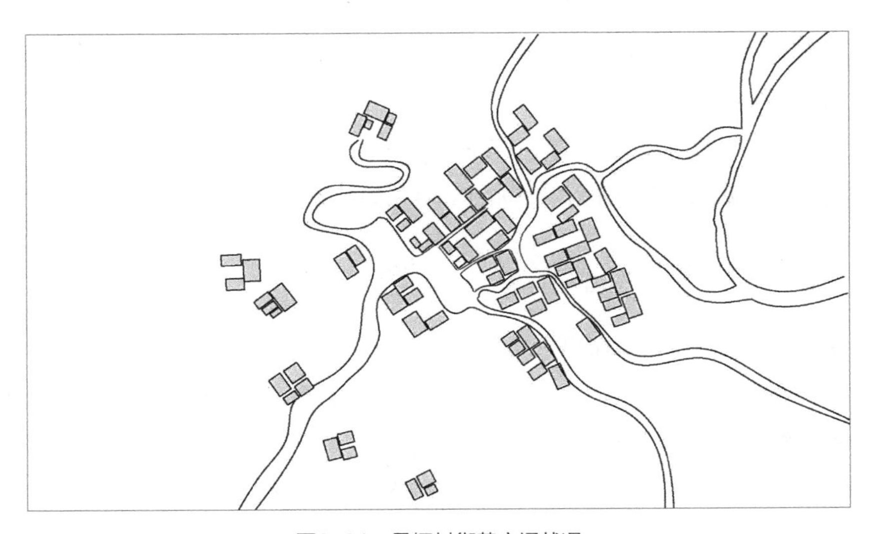

图2-31　吴垭村街巷交通状况

三、村落建筑组群的布局

豫西南传统村落建筑组群布局多样，具有很强的环境适应性和灵活性。影响建筑组群布局的因素主要有环境因素和社会因素。就环境因素来看，受环境因素影响的建筑组群的布局形式往往具有一定的“随意性”和“均衡性”。《春秋·管子》中记载，城郭布局规划可以“因天材，就地利，故城郭不必中规矩，道路不必中准绳。”在环境因素影响下，村落建筑组群的布局也“不中规矩”“不中准绳”。由于豫西南地区地形复杂，传统村落所在的区域有山地、丘陵、平原等，地面高差变化大，植被丰富多样，造型各异。所以在村落建筑组群的布局上，带有很强的随机性特征，村民和工匠在建筑组群的布局上遵循自然规律，综合考虑其选址及其与周边建筑物的关系，适应地形起伏变化和采光、通风等相对优越的自然条件。就社会因素来看，豫西南地区多数传统村落是聚族而居，同家族的宅院往往相邻或距离较近，随着家族的繁衍生息，所建宅院逐渐增多，逐步形成建筑群。这种建筑组群的布局以中心向两侧或四周衍生，《方城民俗志》载：“富家大户村庄，富家住独家独院，佃户住外围。以一姓为主的村庄，后来的别姓亦住外围。家族间按门份居住，门份近的住得也近。”这种类型的布局具有内聚向心性或对称性。如淅川县仓房镇磨沟村，主要为“李”姓聚族而居，方城县柳河镇文庄村主要为“文”姓聚族而居。有的原来的院落是二进院，后兄弟成家后分别居住其前后院，通过墙体隔断一分为二。如社旗县朱集镇大楼房村张须高、张须森民宅。

1. 轴线引导型

豫西南传统村落建筑组群的布局少有绝对的对称型布局。一般依据地形和建筑物的规模沿着轴线排列。轴线引导型村落布局多在平原地区，其主干道往往形成主轴线，次干道形成次轴线，主次干道贯穿相接并与村落中的宅院单元相互连通，构成村落的整体网格状布局。网格状的布局有多种形态，其中多以带状或几何团块状的布局为主。带状布局以一条主轴线、一条主干道为主，主干道长，次干道短而少，村落建筑组群沿主干道单侧或两侧布局，以淅川县荆紫关镇为代表。几何团块状布局则在一条主轴线、一条主干道的基础上，次干道多而长，建筑组群沿主次干道两侧分布，形成团块状布局。以社旗县朱集镇大楼房村为代表。轴线引导型布局的村落布局条理清晰，充满秩序感，给人的感觉是具有较强的规划性，较少带有偶然性和随意性，具有建筑组群的秩序美、对称美（图2–32）。

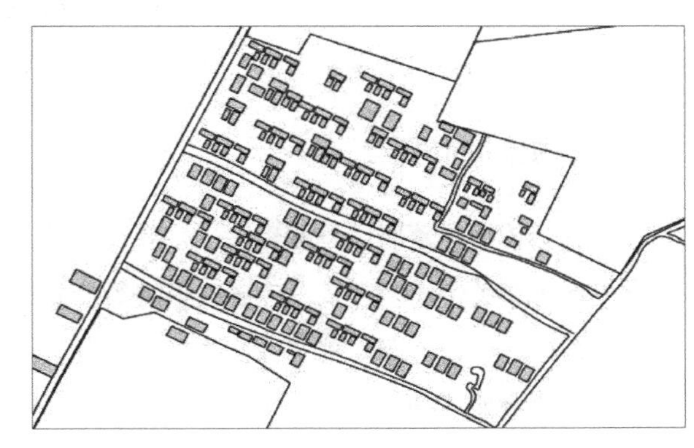

图2-32　轴线引导型（大楼房村）

2．均衡随意型

与以故宫等为代表的对称式布局的皇家建筑群不同，豫西南传统古村落建筑组群的布局具有很强的“随意性”。均衡随意型以内乡县乍曲乡吴垭村、桐柏县程湾镇小北庄村最为典型（图2–33）。如果说官式建筑群能体现出一种庄严的对称美，那么村落建筑组群则呈现出“随意”的均衡美。但这种“随意”的布局并非无规律和规范地随心所欲，而是随地势地形变化之意，随宗族繁衍之意。在布局中，有的村落顺应地势变化，村落建筑群沿等高线呈现阶梯式布局；有的则宗族聚居，注重繁衍生息。可以看出“均衡随意”体现了传统村落在布局上的多样性。在这些均衡随意型的传统村落中，其建筑组群布局主从分明，由体量稍大或

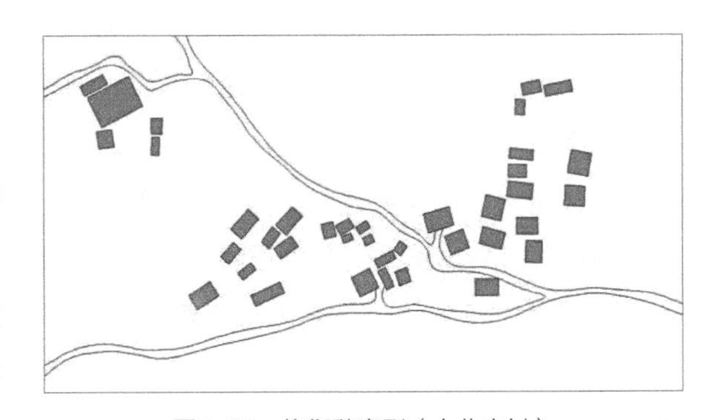

图2-33　均衡随意型（小北庄村）

公共主体建筑“统领”。以无人机航拍的视角观察这些传统村落建筑组群，会发现一种均衡的构成艺术形式美感。除此以外，还具有技术美、生态美、材质美、空间美、功能美等多种艺术美感，在这些建筑物、道路、空地、山脉、河流等组成的画面中，建筑物的大小、聚散、曲直、疏密、渐变等都体现出建筑组群的美感。

3．内聚向心型

豫西南传统村落居民具有忠孝、宗族、宗教文化信仰和群体活动习惯，在很多村落中都建有关帝庙、宗祠、寺庙、道观等公共建筑，进行祭祀或集体活动。内聚向心型布局一般以广场、宗庙等公共建筑组群为中心，周边民居沿建筑周边分布。如社旗县赊店古镇，以山陕会馆、火神庙为中心，周边民居沿中心向四周或一侧分布，西峡县五里桥镇黄狮村，以建于明代万历年间的九柏关帝庙为中心，前庄村以村广场为中心内聚（图2–34）。

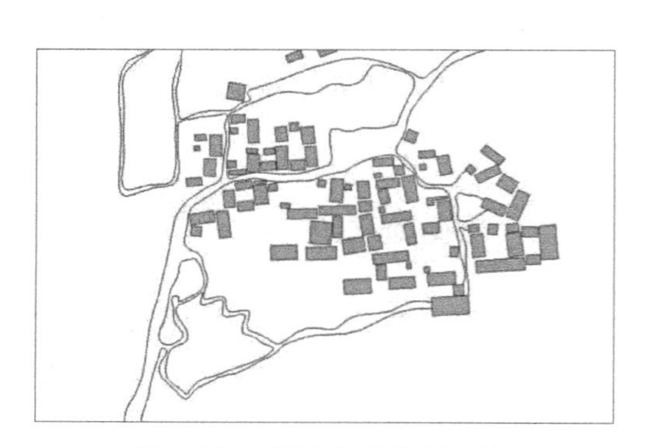

图2–34　内聚向心型（前庄村）

4．道路、河流延伸型

村落建筑组群的形态与村落的选址紧密相关，其选址决定着村落的形态及其未来的扩展。陈威在研究乡村聚落时曾有过对于随道路或河流延伸形态的判断，他认为乡村聚落的最初形态其实就是散村，这些散村单元慢慢以河流、溪流或道路为骨架聚集，成为带型聚落。靠近道路和水源对生产和生活有极大的便利。豫西南地区五大古驿道及其分支道路，丹江、唐河、白河、湍水等具有水运功能的水系及其在村落中的分支等为河流延伸型村落形态的形成提供了便利。在这里我们可以把道路、河流延伸型的村落形态分为三种布局形式：规则联排式、不规则联排式和散点式布局。其中多数平原地区的村落建筑组群呈现出规则联排式布局，山区多为不规则的联排式布局形态，个别自然村为散点式布局。建筑群若在平原地区，多呈规则型联排式布局，街道平直，泾渭分明，建筑左右相接，整齐有序。如邓州市十林镇习营村、宛城区瓦店镇界中村等。如果濒临河流或山脉，则以不规则形联排式布局为主，建筑群布局随河流或道路蜿蜒曲折，如淅川县仓房镇磨沟村（图2–35），方城县柳河镇段庄村、荆紫关镇南街村等则是道路、河流延伸型的代表。还有的自然村呈现出散点式布局，村落建筑组群自由散布，甚至是单个院落存在。如镇平县老坟沟村、桐柏县城郊乡刘湾村等都属于散点式布局。

图2–35　道路、河流延伸型（磨沟村）

5．地形适应型

在山地地区，地形的变化会对建筑组群的布局产生决定性的影响。豫西南地区又是一个多山地的地区，多样的地形催生了地形适应型村落布局的形成。地形适应型建筑组群的布局结合地形变化丰富，结合当地材料的使用，依山就势，融入自然，处理灵活。建筑组群有自然般的“生长感”，与周边环境相映成趣，形成“你中有我、我中有你”的优美景色，更好地体现出建筑与环境融合的自然美，如南召县云阳镇石窝坑村、淅川县盛湾镇土地岭村（图2–36）。

图2–36　地形适应型（石窝坑村）

第三章

豫西南传统村落建筑组群的审美特征

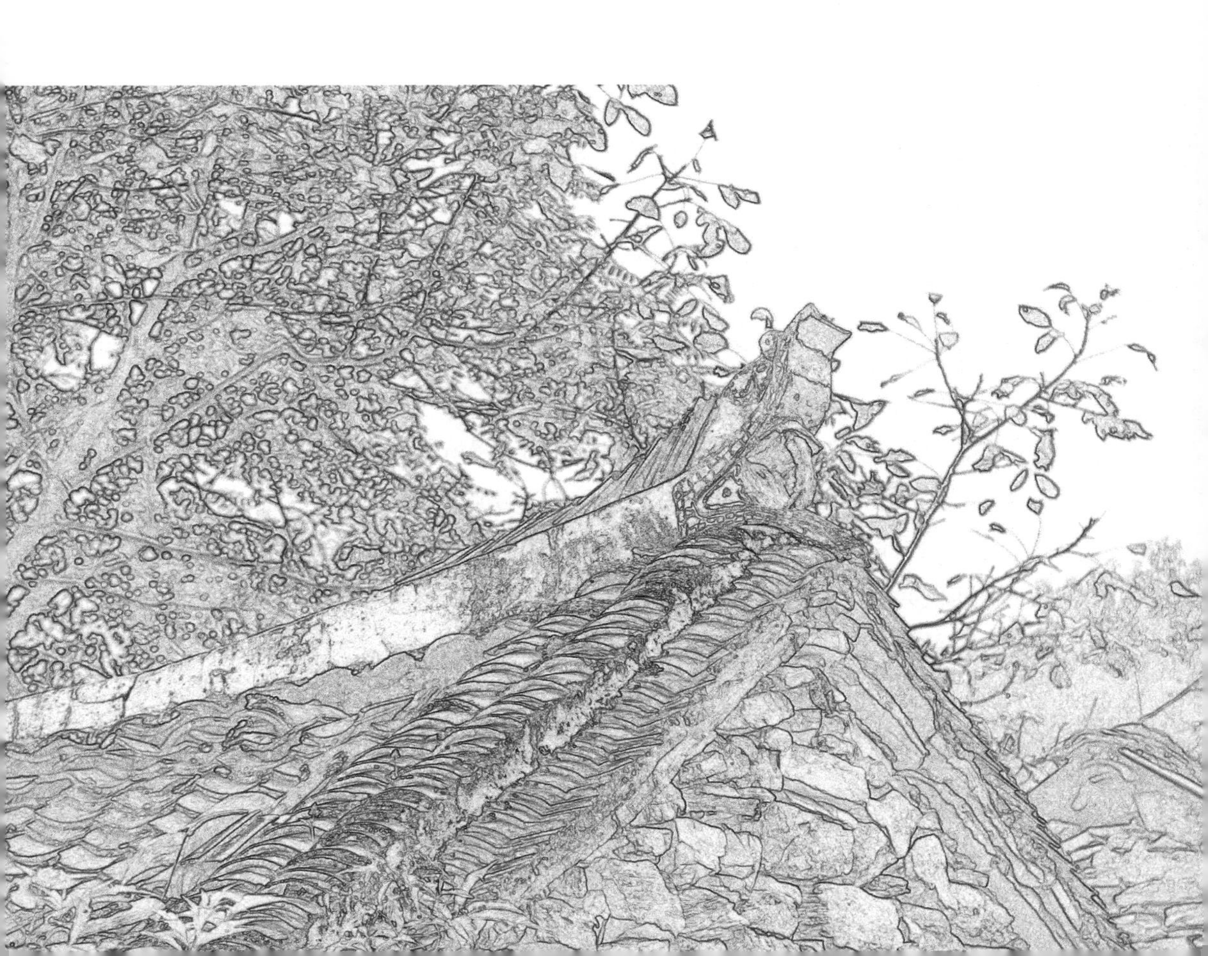

美，用来表示能引起人们感官快适和精神愉快的事物或事物的性质。建筑艺术作为一种实用的艺术，除了功能上满足居民的感官快适和生存需要，还兼具令人精神愉快的审美功能。1928年，梁思成在东北大学开课前的讲话中，明确地表述了建筑的实用功能和审美价值，他说："建筑是什么？最简单地说，建筑就是人类盖的房子，为了解决他们生活上'住'的问题。从它的长期发展来看，建筑可以说是人类生产活动中克服自然、改变自然的斗争记录。建筑活动包括人类掌握自然规律、发展自然科学的过程。建筑尤是艺术创造，从石器时代的遗物中我们就可以看出，在这些实用器物的实用要求之外，总要某种精加工，以满足美的要求，也就是文化的要求以及造型的美观。在此之外，建筑活动也反映当时的社会生活和当时的政治经济制度。所以说建筑是人类一切造型创造中最庞大、最复杂、也最耐久的一类，所以它代表的民族思想和艺术，更显著、更多面、也更重要。"

豫西南传统村落建筑组群毫无疑问是当地庞大而复杂的建筑系统的一部分，具有居住、休憩、生产、炊事、养殖、祭祀等多种功能，能够较为全面而真实地反映出居民在民族迁徙、聚族而居、选址择居、生活习俗、建筑技艺、生产方式、信仰崇拜等方面的信息，是村落居民的生命归宿和精神象征，具有很高的美学价值。可以说建筑是实用的理性精神与美的浪漫情调的结合，豫西南传统村落的建筑是满足村落居民实用功能基础上具有鲜明地域特色和审美特征的艺术品。朱光潜先生在讨论美时曾说："艺术家既然要借作品'传达'他的情思给旁人，使旁人也能共赏共乐，便不能不研究'传达'所必须的技巧。他第一要研究他所借以传达的媒介，第二要研究应用这种媒介如何可以造成美的形式出来。"豫西南传统建筑组群的审美特点正是借建筑这个媒介，并通过其营造技艺塑造出美的形式，通过其建筑组群的外在形态反映其形式美，通过其形制和工艺反映其技术美，通过建筑材料的运用反映其材质美，通过其装饰材料和手段反映其装饰美，通过其空间营造反映其空间美，通过其多种功能的集合反映其功能美，通过其营造的可持续性反映其生态美。

第一节　豫西南传统村落建筑组群的形式美

文艺复兴时期的著名建筑师帕拉第奥认为美是来源于形式，建筑物的各个要素间的协调才产生了美。豫西南传统村落建筑组群的形式美，包含其造型、体量、尺度、技术、材料、肌理、质感、色彩等方面的协调。体量造型是塑造建筑外观形态的重点，技术结构制约着空间的容积状态，不同大小或不同功能的空间会通过不同的结构来表现，结构构件的排列方式或营造手法也会影响到建筑物外在的形式美感。此外材料的肌理感、质感和色彩也会影响到建筑物和室内空间的明暗关系、视觉感受等，这些因素都是建筑组群形式美的影响因素。康德说在一切美的事物上，美属于愉快，并且是主观的，因为对象的形式使知性的活动变得轻松；同时它又是客观的，因为这种形式普遍有效。豫西南传统村落建筑组群作为审美对象，其形式是让人感到愉悦的，同时其形式也有普遍有效的美的规律。

一、豫西南传统村落建筑组群形式美的分类

1．自然形态美

众所周知，自然美是大美，自然形态总是给人以欣欣向荣的生命感。中国古代思想家认为，大自然（包括人类）是一个生命世界，天地万物都包含有活泼的

生命、生意，这种生命、生意是最值得观赏的，人们在这种观赏中，体验到人与万物一体的境界，从而得到极大的精神愉悦。庄子认为“天地有大美而不言，四时有明法而不议，万物有成理而不说”，万物皆有规律，唯遵循自然形式的“天籁”“天放”“真”方为至美。自然万物具有“奚仲不能旅，鲁班不能造”的大巧。康德对自然形式的论断与之相似，他认为自然的形式是自然选择进化中适应环境、优化自身、强化选择的缘故。每一个自然物呈现的形式都是它的选择方向在那个环境中的最佳状态。人作为自然界的一部分，为了满足自身生存需求进行建筑活动，就不可避免地要对自然形式美进行仿效并尝试让建筑与环境融为一体。《黄帝宅经》载：“宅以形势为身体，以泉水为血脉，以土地为皮肉，以草木为毛发，以舍屋为衣服，以门户为冠带。若得如斯，是事严雅，乃为上吉。”计成在《园冶》中强调“虽由人作，宛自天开”的人工自然美，要依照自然规律进行创造，包括自然材料的选用，自然形式的模仿与创新，自然资源的合理利用等。借材料原本的属性，据其结构、强度、纹理、色彩等营造成大小比例得当、多样统一、舒适美观的居所。

豫西南传统建筑组群的自然形式美，也涉及自然环境、自然材料等。梁思成说：“建筑之始，产生于实际需要，受制于自然物理，非着意创制形式，更无所谓派别。其结构之系统，及形式之派别，乃其材料环境所形成。”梁先生的观点说明材料和自然环境在初期直接左右了建筑的形式，也就是说材料和自然环境决定了建筑的自然形式美。王澍在论述建筑与自然环境的关系时也表达了顺应自然的观点：“在中国的文化传统里，建筑在山水自然中只是一种不可忽略的次要之物。”换句话说，在中国文化里，自然曾经远比建筑重要，刘禹锡《陋室铭》中的诗句：“苔痕上阶绿，草色入帘青”，杜牧的《题扬州禅智寺》：“青苔满阶砌，白鸟故迟留”。建筑更像是一种人造的自然物。人们不断地向自然学习，使人的生活恢复到某种非常接近自然的状态，一直是中国的人文理想。这就决定了中国建筑在每一处自然地形中总是喜爱选择一种谦卑的姿态，整个建造体系关心的不是人间社会固定的永恒，而是追随自然的演变。

豫西南传统村落的居民在建筑选址时就已经选择山溪清嘉、林木丛秀之处了。最能够体现出豫西南传统村落建筑组群自然形式美的当属建筑组群所用的建筑材料，这些建筑材料绝大多数是就地取材，将周边的石头、泥土、草木等开采加工后使用。因此，建筑保存了当地自然环境的肌理和质感。如方城县柳河乡文庄村文宗玉民宅土坯和夯土墙体的黄土质感，带着朴实而厚重的泥土气息和乡土美，给人一种被自然拥抱之感；内乡县乍曲乡吴垭村吴保林民宅、吴登鳌民宅墙体的碎石质感，带着石块的硬朗与实在，给人一种安静而踏实的山村建筑美感（图3–1）；方城县柳河镇段庄村民宅墙体的卵石质感，带着被河水冲刷的圆润与光滑，给人一种柔美与润湿感，仿佛在宅院中就能听到河水叮咚；还有大部分民居屋架和门窗等用的木材，是最能够体现出豫西南地区人情味的材料，通过观察木材的质感和年轮，能够感受到木材的视觉美，木材散发的气味可以令人心情愉悦，抚触木材也是手感宜人。试想，如果将这些自然的材料换成钢筋混凝土，这些建筑所体现出来的自然美就无从谈起，就没有自然美可言了。

图3–1　吴垭村的自然形态美

除了建筑材料，建筑组群周边和庭院中种植的植物也是体现自然形式美的一部分。在村落环境和建筑的映衬下，当地的香樟树、黄楝树、银杏树、杨树、梧桐树、皂角树、木瓜树、桃树、杏树等树种更加拉近了建筑与自然的距离。正如齐康所言，建筑像是从地里生长出来的，并且是动态变化着的“生长”。在豫西南传统村落建筑组群中，自然的变化、时间的变化、建筑的变化、人的变化无时无刻不在进行，建筑的位移、表皮的肌理变化、材质的腐蚀与消亡、射入光线的变化等也在分秒间发生。大自然和时间是调和剂，有的建筑虽然当时设计和建造甚是一般，经过风吹、日晒、雨淋，年深日久地侵蚀“加工”，它和周围的环境与自然会慢慢地协调起来。可见自然形态美正是建筑美的一种形式，风化的墙砖掉落出的灰白色粉末、雨水冲刷的土坯表面的道道水痕、檐下水滴石穿的青石等，自然和环境给建筑增加了年代的“皱纹”和豫西南地区文化的语义，这些都在诉说着村落建筑的历史、文化与美感，以及居住在其中的人和隐藏在建筑背后的故事。

2．人工形态美

手工业时代的人类与鸟类和蚂蚁是极其相似的，他们用大自然最为常见的材料进行构筑，搭建的方法简单而又十分巧妙，从自然当中似乎都能寻找到设计原型，就连庞大的石垒宫殿也像是从大地上生长出来的一样。建筑是人造物，在营造中就少不了对建筑空间进行布局和规划，对建筑材料进行雕琢与修饰，对结构和构造进行处理和营造。在豫西南传统村落中，居民对待自然十分友善，也通过聪明智慧来主动适应与改造，就如平原地区的黄土地与夯土建筑、土坯建筑一样，伏牛山区的山地与石头房，有时让人感觉自然形态和人工形态的界线十分模糊，好似融为一体了。正是这些人工形态因素影响了建筑组群的地方特色，体现了当地的生活习惯和民俗。可以说建筑的人工因素让建筑的外观形态更多地体现在营造技艺和所呈现出的技术特点上。而这些也正是豫西南传统村落建筑组群所体现的人工形态美。地理环境的剪裁、空间格局的安排、体量尺度的把握、屋顶的形制、墙体的形制、屋架的形制、建筑装饰的形制等，从屋顶到屋基，处处都能看到工匠的营造智慧所带给建筑组群的人工形态美。比如墙体的形制，据调查，豫西南传统村落建筑组群中，砖墙的砌筑形式就有30余种。石墙的砌筑结合当地的石材特点，方法也多种多样（图3–2）。

图3–2　文庄村某宅院

二、豫西南传统村落建筑组群形式美规律

康德说，美是外在的令人愉快的东西（就像感官所把握到的那样），并且是普遍性的。人是审美的主体，建筑是审美对象。契合主体本性的令主体愉快的对象所呈现出来的“审美性质或素质”，通常被视为产生美、创造美的“美的规律”。彭一刚说，形式美规律是具有普遍性、必然性和永恒性的法则，并且形式

美规律应当体现在一切具体的艺术形式之中。豫西南传统村落建筑组群是具有鲜明地域特色的建筑艺术品，其形式美规律是普遍存在的，具有令人产生愉悦的对称、均衡、比例、节奏、韵律、秩序、和谐等审美性质或素质，并统一于共同遵循的“多样统一”的形式美法则中。下面我们从豫西南传统村落建筑组群主从与重点、节奏与韵律、比例与尺度、均衡与稳定、对比与微差等方面分析一下其审美性质或素质。

1．简单的几何形体

三角形、圆形、矩形等简单的几何形体是最为直接、简洁、明确的图形，这些基本的几何形体被柏拉图等西方哲学家认为是“绝对美的”。在我国的传统建筑中，如果简单归纳，很容易发现简单几何形体的建筑形态和空间。北方的四合院就是典型。简单的几何形体更容易表现建筑的本真，豫西南传统村落建筑组群通常都是简单几何形体的组合，院落中建筑单体是矩形平面的组合，矩形的房间平面、前后檐墙、三角形的屋顶和屋架、圆形或矩形的窗洞、矩形的大门等(图3-3)。这些简单的几何形体让整个建筑组群显得整体统一，让人们很容易

图3-3　豫西南传统村落建筑组群简单的几何形体

地就能理解和掌握其形态和空间构成，再经过材质、色彩、结构、构造的“修饰”，建筑组群变得丰富起来，也更有意味。

2. 主从与重点

建筑是最复杂的艺术形式之一。每栋建筑都是由成千上万的构件组合到一起的。在如此复杂的建筑构件中，如果没有主从之分，没有重点，必定会单调乏味。一个建筑组群中的重点往往是从建筑的体量尺度上或位置上与其他建筑物进行区分。

就豫西南传统村落建筑组群而言，有平面组合上的主从、位置关系的主从、体量尺度的主从、功能上的主从、道路交通上的主从、结构上的主从、材料上的主从、空间上的主从、装饰上的主从等。村落平面布局上，以庙宇、道观等公共建筑为主，以民宅院落为辅，如西峡县五里桥镇黄狮村，以九栢关帝庙为村落的主要建筑组群，民宅院落为从属建筑群；在平面组合上，以院落作为基本的构成单元，在“二合头”“三合头”“四合头”等合院中以正房为主，厢房、倒座房为辅，正房一般坐北朝南，在整个院落中居于中心地位，也是长辈的居所，因此在院落中是绝对的主角，而厢房和倒座房等则为子女居住或作为炊事、储藏、供奉、劳作等场所，属于从属建筑；在位置关系上，以居中者或居左者为主，居右者为辅，中国文化讲究居中为贵，建筑中也是重要的建筑往往被安排在中轴线上，正房是被安排在中轴线上的主要建筑。在位置上还讲究左为上、右为下，左侧厢房一般为东厢房，住兄嫂，右侧厢房一般为西厢房，住弟妹，如果是二合院，一般都是只有东厢房。建筑和空间尺度总与中国传统的等级观念相联系，一般是“以正为尊”“以左为尊”，意思是在正房和厢房的关系上注重正房，正房在建筑材料、尺度、高度等方面都要优于或大于厢房，而在东西厢房的关系上则注重东厢房，在材料、尺度等方面要优于西厢房。在二合院院落布局中一般会舍弃西厢房。如内乡县乍曲乡吴垭村吴登鳌民宅一进院东西厢房长度均为9.16m，东厢房进深为6.15m，建筑面积56.36m^2，而西厢房进深仅为5.36m，建筑面积49.09m^2。两者建筑面积相差近7m^2。吴保林民宅作为一个二合院，则仅仅保留了东厢房；在体量尺度上，以体量尺度大者为主，小者为辅，村落中公共建筑尺度大，院落中正房尺度大，为主要建筑；在建筑功能上，以满足生活功能为主，以适应生产活动为辅，以饮食、起居、储物等生活空间为主，以农业、手工业生产空间为辅；道路交通上，以主次巷道为主，支巷为辅，主次巷多，承担主要交通功能，支巷少，承担次要交通功能；在结构上，以砖木结构为主，纯木构架为辅，砖木结构中多为传统木构架抬梁式和穿斗式的变体与墙体共同承担屋顶载荷，而单纯的木构架建筑少；在材料上，以石、木、砖、瓦为主，土、草为辅。豫西南传统村落建筑组群中现存的砖石建筑最多，多为瓦房，也有石板房。草、土等材料多用于苫背层，少数建筑组群采用夯土或土坯营造墙体；在空间上，以庭院空间为主，其余空间为辅，庭院是整个院落的公共空间，起主导作用。以后院空间为主，前院空间为辅，正房一般坐落在后院，如内乡县乍曲乡吴垭村吴登鳌民宅。以明间为主，梢间为辅，明间承担着公共空间的功能，为主要空间，梢间承担着休憩功能，为次要空间；在装饰上，以砖石雕为主，木雕、绘画装饰为辅，如砖雕的屋脊、戗檐板、博风头、柱础，木雕的梁枋、窗棂、封檐板等，而绘画类装饰主要在山墙侧。

3．节奏与韵律

建筑是凝固的音乐。古今中外的无数建筑，除去极少数例外，几乎都以重复运用各种构件或其他构成部分作为取得艺术效果的重要手段之一。黑格尔也认为整齐一律是形式美的一种表现。现代的视觉与听觉生理学的实验研究成果表明，外界光色或声音信息在视听传递系统中转化为电脉冲并进行加工、合并，在传递过程中，如果外界的两种或以上的信息量（即其脉冲的量）具有连续的、整齐的比例关系，这些电脉冲的波在重合时，就会产生物理学的“谐振”现象，使信号产生节律性的强化或削弱，造成感觉上的节奏感，神经系统就会得到节律性的冲击与快感，进而产生对事物的美感。在建筑活动中，建筑构件反复、多遍地一再利用，形成构件要素的序列，体现出规律的重复出现或有秩序的变化，确实可以激发美感的发生，并可以缓解身体和精神上的疲劳。这种形式就是节奏与韵律。节奏与韵律在建筑中有许多种，如连续的韵律、渐变的韵律、交错的韵律等，有规律的重复、有规律的递增或递减、有规律的交错都具有形式美感。

豫西南传统村落建筑组群中的节奏与韵律多数以连续的韵律和交错的韵律为主。我们可以在豫西南传统村落建筑单体的屋顶、墙体、地面、墀头等构件上找到节奏与韵律，也可以在建筑组群的整体布局中发现节奏和韵律。先从建筑单体观察，屋面瓦的排列是有一定的秩序感的，远望去，像湖面的水波和鱼鳞一样美观。以最常见的干槎式屋面为例，屋面的一般是中间部位采用仰瓦干槎，瓦与瓦相连，形成类似编织物的经纬线，呈波状。刘强在《从审美发生角度看康德对美的研究》一文中论述："相较于单纯的直线或曲线，波状线之中包含着对立整体又很和谐，因而更美也更生动。"左右瓦的边沿形成优美波状线"经线"，与上下瓦的规整直线"纬线"相互交叠。瓦与瓦的组合排列和重复叠压形成了一种波状连续的韵律和交错的韵律，也使屋顶有了更多的变化，具有一定的韵律感和节奏感（图3-4）。

（a）　　　　　　　　（b）

图3-4　瓦片的节奏与韵律

（a）界中村某宅瓦片的韵律感；（b）段庄村某宅瓦片的节奏感

在墙体的砌筑中同样可以找到节奏与韵律。在豫西南传统村落建筑组群中，我们通过调研总结了30多种墙体砌筑方法。每一面墙体都是以一种砌筑方法为主的大面积使用。如一顺一丁、三顺一丁、顺砌十字缝等，这是在砖砌墙体中应用最为广泛的砌筑方法。在这些砌筑方法下，每一块砖材有规律地排列组合，形成了连续的韵律，组成了极富节奏与韵律感的墙面，如方城县柳河乡文庄村王玉芳民宅和段庄村民宅（图3-5）。

（a）　（b）

图3-5　墙体的节奏与韵律

（a）王玉芳民宅墙体；（b）段庄村某宅墙体

檐部出檐的形式也很具有韵律感，菱角檐的三角形、抽屉檐及冰盘檐的长方形出檐都带有很强的形式美感。屋顶的椽子也是节奏与韵律美感的代表，一根根椽条等距排列，长短相仿，仿若房子的一根根"肋骨"，在檩条的承托下显得更为整齐，充满着节奏感和韵律感。墀头的节奏与韵律感也十分明显，特别是墀头的梢子部分，具有鲜明的地方特色，北方地区传统民居的梢子构件荷叶墩、混砖、炉口、枭砖、头层盘头、二层盘头、戗檐，层层垒叠，逐渐外挑，而豫西南传统村落建筑组群却有所不同，与山西祁县、太谷县等地区民居素方墀头的构件有相似之处，但又有差异（图3-6）。墀头梢子也有类似山西民居中的"象鼻子"单元，以宛城区瓦店镇界中村郑东阁民宅正房墀头为例，从下到上依次荷叶墩、混砖、枭砖、三段素方台阁砖雕、六层炉口、象鼻头，逐渐外挑，具有渐变的韵律感。同时枭砖、炉口、混砖等的凹凸变化也让墀头更具节奏感，如豫西南村落中民宅的墀头样式（图3-7）。在建筑组群的庭院或室内的地面铺装中也经常见

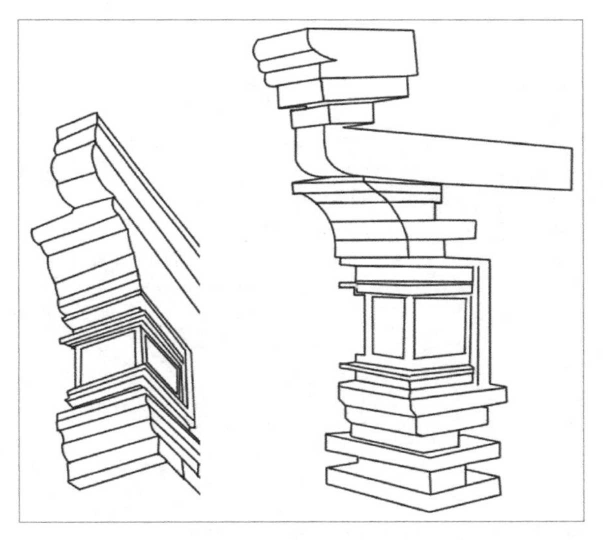

图3-6 山西民居墀头及其构造

（a） （b） （c） （d）

图3-7 豫西南传统村落建筑组群墀头样式

（a）界中村郑东阁民宅墀头；（b）大楼房村张须高民宅墀头；（c）文庄村王玉芳民宅墀头；（d）石窝坑村武运江民宅墀头

到条砖十字纹或人字纹的铺设，很有规律性和韵律感。如果我们把观察的角度放到村落建筑组群的整体上，一个个建筑单体、一座座院落，组成充满秩序感的大型村落建筑组群，也表现出一定的节奏感和韵律感（图3-8）。吴垭村、界中村大大小小的建筑单体和院落沿着道路、河流、等高线等有规律地组合到一起。

图3-8　美丽的吴垭村一角

4．比例与尺度

传统村落建筑组群形式美感的另一个审美性质或素质是比例与尺度，适宜的比例和尺度能够引起人主观上的愉悦感，反之则让人产生厌恶感。比例和尺度二者不可分割，共同决定了一个建筑组群整体和局部的和谐关系。达·芬奇认为艺术品各部分之间建立了神圣的比例关系，才会有美感的生成。梁思成也对建筑的比例关系所呈现出来的美感做过阐述，他认为一座建筑物在三度空间和两度空间的各个部分之间的，虚与实的比例关系，凹与凸的比例关系，宽高的比例关系是决定一座建筑好看不好看的最主要的因素。而尺度是一些主要适用的功能，特别是由人的身体大小所决定的绝对尺寸和其他各种比例之间的相互关系问题（图3-9、图3-10）。

图3-9　吴垭村民宅尺度

图3-10　石窝坑村民宅尺度

尺度也是表现其形式美的重要因素。豫西南传统村落建筑组群的各个部分和各个建筑构件之间是存在一定的比例关系的，同时符合人的身体尺度及多功能使用的尺度。荷加斯说：“不论建筑物多大，楼梯的梯级、窗台，必须保持普通高度，否则它们就会不合目的，因而也就失去美。”不符合人体尺度或像荷加斯所说的“不合目的”的尺度或比例是不美的。如墙体和门的比例关系、门和窗的比例关系、门框和门楣的比例关系、建筑的尺度和人的尺度等。豫西南传统村落建筑中门框的尺寸一般为高五尺，宽三寸五，厚一寸五，门的宽度约为三尺三，当地俗语讲：“三尺三，能过花轿能过棺。”意思是门的宽度须至少为三尺三，这样在婚嫁丧葬等活动时才能避免受尺寸限制。门上设亮窗，其高一般约一尺五到二尺。西方建筑受严格的古希腊数理精神的影响，追求1：1.618的黄金律。中国建筑艺术没有受到希腊文化数理精神的影响，在艺术方面对美的比例与节奏的运用是不自觉的，是以功能性为前提的。也就是说，与西方相比，在视觉审美经验上既表现出天然的趋同性，又有文化影响所带来的差异性。中国的工匠在进行建筑营造时是按照一定的带有功能美感的比例关系来营造的，但却不一定遵循黄金分割比。

5．均衡与稳定

存在决定意识，也决定着人们的审美观念。自然界中生物均衡而稳定的形态与天然构筑方式给人们欣赏美提供了可以参考的模板。清华大学谭长亮博士有类似的论断，他认为，人对“对称”结构的欣赏应该与自身结构的对称性有着密切的联系。因此，人们在对美感的判断上就常以此为评价标准，认为对称结构的、重心稳定的事物即为美。对称的均衡与不对称的均衡是自然界均衡美的两种形式。人对于对称美与均衡美有着与生俱来的认同与欣赏。谭长亮说：“采用均衡为视觉形式整体结构的室内外空间环境，容易让人感知到更多的‘自然信息’。”康德认为：“在美中有某种与他人有关的东西：对称；还有某种只与占有者有关的东西：舒适与有用。”其实均衡不仅仅是视觉形式上的平衡与舒适，也是在力学上便于稳定的考量。就对称的均衡美而言，当面对传统村落民居建筑的对称式布局或进行对称式构件的营造时，对称的均衡美的意识就被唤醒了。中国建筑在设计布局上特别重视群体组合的有机构成和端方正直，着意于构筑群体组织有序的建筑之美。在营造时，无论是在建筑的外观、空间的设定，还是在材质的使用等方面，都会将对称作为重要标准之一。在有序的建筑群体组织类型上，沿中轴对称是最主要，也是最常见的布局形式。在豫西南传统村落建筑组群中，“三合头院”“四合头院”这种对称式均衡美表现得最为突出。如界中村郑东阁民宅、李长丽民宅的院落布局是典型的对称式布局，从倒座房的过厅到正房的中线形成一条中轴线，左右厢房和正房、倒座房沿中轴线呈对称分布（图3−11）。

图3-11　界中村民宅建筑群

在豫西南传统村落建筑组群中，建筑空间的设定也通常是对称的，形成一间明间、两间梢间沿明间中轴线对称。建筑的构件通常也是对称的，如正脊两端的脊兽、墀头、门窗等。可以说，对称的手法和营造出来的对称的均衡美无处不在。与对称美相对的是不对称的均衡美。可以说不对称的均衡的现象在自然界是最为普遍的现象，在自然界中难以找到绝对的对称，但却有随处可见的不对称均衡。不对称的均衡相比对称的均衡有更为复杂的组织结构。豫西南传统建筑组群的布局中不对称的均衡现象十分普遍，从整体村落建筑组群布局到院落中的建筑组群的布局都存在不对称的均衡美。如吴垭村吴保林民宅的“二合头”院，以“L”形布局，其与围墙和大门构成的不对称均衡关系让整个院落显得稳定而美观。

稳定也是豫西南传统村落建筑组群形式美的重要表现形式。在建筑组群的布局上，注重横向上的拓展，在纵向的高度上并不刻意追求。所以多数建筑为一层，以方城县柳河镇文庄村王玉芳民宅最为典型。也有少数采用二层，如社旗县朱集镇大楼房村张须高民宅、社旗县赊店镇丁岩民宅等。从稳定性上来看，一层比二层在视觉上会显得更加稳定。多空间的需求令建筑组群更偏向于向横向上拓展。横向拓展的建筑组群布局形式将一座座单体建筑连接在一起，形成了更为稳定的力学上的结构，在视觉上也带来了强烈的安全感和美好感。在梁架结构上通过各种各样的构造形式维持稳定的承重结构，在传统的抬梁式、穿斗式梁架结构的基础上创造性地运用营造智慧，创造了“拨浪鼓式”“牤牛抵式”等30余种不同的梁架形式，这些结构形式有的轻巧灵便，有的繁冗复杂，但都能让整个建筑结构更加稳定而牢固。

6．对比与微差

对比与微差是建筑最为重要的美感之一。对比可以借彼此之间的烘托陪衬来突出各自的特点，以求得变化，微差则可以借相互之间的共同性以求得和谐。建筑组群的形式也是这样，从外部特征到内部空间，如果只是单纯的相同材质、相同色彩、相同尺度、相同面积、相同空间，那建筑组群将是一个个相同“盒子”的堆垒，难免会乏味单调，让居民和观赏者感觉审美疲劳，进而产生厌恶和不快。康德说，除了需要多样性、和缓、增强、合规律性，也需要由出乎意料的事物所引起的生动性。通过建筑物在布局、形体、结构、材料、尺度、色彩、肌理等方面的对比，可以显著提高建筑物自身或单元的多样性和巧妙性，从而避免建筑组群形式的单调感和乏味感。而一味追求多样又会造成建筑组群的杂乱性和无序性，从而造成视觉上的混乱。为此，对比中协调就是建筑组群形式美感中必须解决的美感问题之一。彭一刚认为，解决好它们之间的关系，令二者巧妙结合才能“既有变化又和谐一致，既多样又统一”。对比的手法多种多样，在中国传统建筑组群中，常见的对比关系有形态的对比与微差、空间的对比与微差、位置的对比与微差、材质的对比与微差、色彩的对比与微差、尺度的对比与微差、虚实的对比与微差、疏密的对比与微差等。沈复在《浮生六记》中强调了建筑环境中的大小、疏密、虚实等对比与微差的处理方法：“大中见小者，散漫处植易长之竹，编易茂之梅以屏之。小中见大者，窄院之墙宜凹凸其形，饰以绿色，引以藤蔓，嵌大石，凿字作碑记形；推窗如临石壁，便觉峻峭无穷。虚中有实者，或山穷水尽处，一折而豁然开朗；或轩阁设厨处，一开而可通别院。实中有虚者，开门于不通之院，映以竹石，如有实无也；设矮栏于墙头，如上有月台，而实虚也。”

仔细观察，豫西南传统村落建筑组群中从来不缺少对比与微差的美感，从中可以发现这样的对比与协调的规律：在同一面墙上，在大面积运用一种砌筑方法的同时，常会运用两种甚至多种辅助的砌筑方法，如唐河县马振抚镇前庄村的某宅墙体采用顺砌十字缝的主要砌筑方法，辅助三陡一甃二卧加一层甃砖的砌筑方法。相比单纯运用某一种砌筑方法，砌筑方式的对比关系使得墙体显得更为活泼生动。还有些建筑采用石材砌筑墙体，大大小小的石块形态各不相同，纹理各异，与木质门窗结合到一起，让整面墙体在石材的肌理和木材的材质对比中取得了对比与微差的和谐形式美感。

内乡县乍曲乡吴垭村石头房就是对比与微差美感的代表。以该村吴登鳌民宅为例，在形态上，该民宅是两进的合院布局，外观形态具有中国传统民居特色，为硬山式民居建筑。院落整体形态统一，正房和厢房形态相似，但以后院正房体量为最大；在高度上，从前院到后院高度逐渐提升，到后院的正房达到高度的顶点，体现出高差的对比关系，但高差的变化从前院到后院是经过三级的台阶，分别是从外界进入大门的台阶、从一进院到二进院的台阶、从二进院到正房的台阶，由低到高，层层递进，体现了高差的对比和微差的关系；在布局上，院落非常整体，给人的感觉是前后院对称的布局。不同的是前院只有左右两排厢房，后院为正房和左右厢房组成的三合院，后院的尺寸略大于前院（图3-12、图3-13）；在材质上和色彩上，都是使用当地的石头、木头、土和瓦营造的，整体突出了材质带给建筑的古朴感和石材、瓦、土等的质感，材质之间的对比关系也很强烈，特别是墙体的石材和屋顶瓦的材质对比关系十分突出，但在色彩上又显得比较融洽，都带有略显灰的色调，不仔细观察甚至很难发现瓦与椽子、瓦与石头等的连接，整个建筑组群浑然一体。材质的大小、色彩、质感等方面存在的微差让整个建筑群更加具有材质带来的微差变化的美感，看起来处处相同，但又

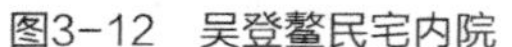
图3-12 吴登鳌民宅内院

图3-13 吴登鳌民宅外院

处处不同（图3—14）；在空间的对比上，前后院呈现出前小后大的大小对比、正房大与厢房小的空间对比等，但在视觉上又不是十分明显，从前院到后院感觉空间的过渡很自然，是一种微差的空间过渡，没有剧烈空间变化带来的视觉和心理失衡感，体现出对比中的微差关系；在疏密关系上，一般民宅中屋顶的瓦和造型复杂的屋脊在视觉上会显得更为密集，而墙体由于是砖或土坯、夯土等营造，在视觉上比较整体，感觉比较疏朗。但在吴登鳌民宅中这种疏密关系正好相反，碎石组成的墙体与挂在墙体上的农具等让整个墙体显得比较密集，而屋顶反而显得比较整体而疏朗（图3—15）。此外，庭院也充当了建筑组群中“疏”的一部分，立面密集而平面疏朗，墙体密集而门窗疏朗，与屋顶的“疏”相呼应。

图3-14 吴垭村建筑组群的材质对比

图3-15 吴垭村建筑组群疏密关系对比

第二节　豫西南传统村落建筑组群的技术美

徐恒醇说："技术是与人类的物质生产活动同时产生的。它是调节和变革人与自然关系的物质力量，也是沟通人与社会的中介……技术作为一种知识体系，表现为对自然规律的把握。他们是为了人类的生存和发展，对自然界的改造和利用……技术美不仅是人类社会创造的第一种审美形态，也是人类日常生活中最普遍的审美存在。"王世仁认为，建筑作为满足人们居住需求的"产品"，属于技术产品，而作为一种技术产品，建筑的形象也可以给人以技术美的感受。《考工记》有言："天有时，地有气，材有美，工有巧，合此四者，然后可以为良。"一栋美的建筑的营造，需要综合建造活动的气候条件、地理环境、建筑材料和工匠的技艺。"工有巧"，恰是说明能工巧匠的营造所带给建筑的技术美。汉代《梁相孔耽神祠碑》的碑文中有这样一句话："目睹工匠之所营，心欣悦于所处。"被工匠的营造技艺所折服，就会产生对于建筑物及其营造技术的欣赏，产生建筑技术的美感。豫西南传统村落建筑组群是民间建筑技术美的集成，能够从中揭示出当地居民的建筑营造技术手法及与之相符的传统审美意识，传递当地居民的族群生活、生产、社交、伦理、信仰等的样态、经验及规律，窥见其建筑构件的形制美、营造过程的工艺美、建筑材料的材质美、建筑组群的空间美、建筑内外的装饰美等。

一、豫西南传统村落建筑的形制美

建筑构件的形制是建筑技术的主要组成部分。在豫西南传统村落建筑活动中，屋顶的形制、墙体的形制、门窗的形制、地面的形制等受到经济条件限制、建筑典章制度制约、风俗习惯影响等，通过工匠对建筑形制的理解和表达，展示出不同的营造技艺，体现出特定的形制美（图3–16）。

图3–16　吴垭村建筑组群通透的直棂窗

豫西南传统村落建筑组群建筑形制简单，究其原因，其一是物质条件所限。在清末民国时期，社会发展水平低，经济条件落后，生产资料与建筑材料极度匮乏，在这种恶劣的条件下开展的建筑营造活动，结构上自然尚俭，利用手头现有的资料开展营造活动，《镇平县志》载："1949年前，境内一般民房建筑技术简单，多为土墙、木架、草顶或砖墙木架瓦顶结构。"；其二是工匠的建造水平所限。村庄地区不同于城市，建造工匠并非"科班"出身，建造技术往往通过师傅的口口相传获取，且没有经过大型官式建筑工程的历练，建造水平不高。此外，还有部分村民作为"业余工匠"参与整个建造过程，其对建筑结构也不甚了解。通过最简单的结构、最快的速度将房子建造起来成为工匠和民众的主要诉求，并不太注重结构的规范性和技术标准，这也是豫西南地区建筑结构多样性的一个重要原因；其三是缺乏营造复杂结构的必要性。民众普遍认为满足基本的生活需求即可。梁思成在《中国建筑史》中就有过论断："住宅建筑，古构较少，盖因在实用方面无求永固之必要，生活之需随时修改重建……在建筑种类中，唯住宅与人生关系最为密切。各地因自然环境不同，生活方式之互异，遂产生各种不同之建筑。"如窗子多为通透，并不设有封闭的纸或玻璃等，满足通风采光的基本需要即可，至于蚊虫的进入以及其保温性就不那么重视了。

清末民国时期，村落居民居住的房屋多是草坯结构的茅草房（图3–17），少数的富裕农民采用砖瓦结构，富豪所建楼房，均为2层，顶端起脊，架"人"字梁，青砖、白灰、木瓦结构，高约6m。1949年以后，随着农村现代化进程，住房状况发生了巨大变化，人们对生活条件的要求不断提高，从"草房窝"到"三

（a）　　（b）

图3-17　豫西南传统村落茅草房

（a）段庄村茅草房；（b）石窝坑村茅草房

间瓦房透花脊”的高台大瓦房，传统的草房、瓦房等砖木结构房屋建筑逐渐被现代的砖混结构或框架结构房屋所代替。《南阳地区志》载：“旧时的茅草房已被砖瓦结构的房舍代替，水泥钢筋结构的新式住房大量涌现。”传统建筑多以砖木结构为主，现代建筑多为砖混结构或框架结构。《新野县志》载：“城乡建筑有砖木结构、砖混结构、框架结构三种形式。砖木结构为传统的房屋形式，其特点是四周用砖或土坯砌墙，两端为山墙，上架梁、檩、椽，抹泥覆瓦。”在形制上，豫西南传统村落建筑的营造通常分为上盘的形制和下盘的形制。

1．上盘的形制

沈括在《梦溪笔谈·技艺》中谈到：“营舍之法，谓之《木经》，或云喻皓所撰。凡屋有三分：自梁以上为上分，地以上为中分，阶为下分。”豫西南地区传统村落建筑主要分为两个部分，这一点与中国传统建筑的上、中、下三分有所不同。由上到下分别是上盘、下盘。墙以上通称上盘，墙以下通称下盘。上盘主要是指房坡（屋顶），特指房里子以上的部分，下盘主要是指房里子以下的墙、根脚（基础）等。中国自古以来在民宅类建筑的营造上结构都较为简易，甚至在关键结构的处理上也往往显得粗糙，但与构造相关的“讲究”却十分丰富。在下盘的营造中总结出一套让建筑更耐久的营造方法，当地方言说："勾山查檐多经百年"，意思是将山墙自下而上略作内收，结构做得稳固坚实，并将容易腐朽的椽、檩的外露部分砌筑到墙体内，这样建造的建筑可以历经百年而不倒塌。

侯幼彬说："屋顶的变化则远较官式建筑丰富、灵活，是民居建筑生动活泼形象的重要构成元素。"豫西南传统村落建筑组群屋顶的营造虽然结构较为简单，但其构造的多样性与建造的风俗却十分丰富。淅川县传统村落民居建筑单体多采用悬山式屋顶，如仓房镇磨沟村的民宅皆采用此种屋顶形制。磨沟村《李氏先祠记》碑刻上记载李氏宗族自明代迁徙于此，且南阳市1994年出土的明代琉璃房屋模型上也运用了悬山式的屋顶，"屋顶为五脊悬山式，举架较陡，屋面模制出瓦垄，四周滴水瓦当上模印花卉纹饰，正脊做龙首形吻兽，吻兽昂首面向外侧，垂脊外侧山面制作排山沟滴，其下饰博风板，屋檐两边挑起翼角。"由此可见淅川县传统村落建筑单体屋顶悬山的形制沿承了明代以来的屋顶建筑样式，由于该地处于山区，交通不便，与外界文化交流少，悬山式屋顶又有其省工省料的优势，因此该屋顶形制得以延续（图3-18）。

由于屋脊特殊而重要的作用，屋脊的营造最为讲究，在屋脊的营造中，很擅长在美化结构枢纽和构造关节的同时，注入文化性的语义和情感的象征。其做法十分丰富，形式各不相同。有泥鳅脊、花瓦脊、筒瓦脊等。脊端有的设有装饰脊兽，《南召县志》载："殷实之家盖'瓦尖飞'（瓦脊，两山瓦缘）或'罗汉厦'（瓦脊，两山及前后缘均瓦缘），瓦房房脊主房两端均安'兽'，有猫头、龙、獬、豸等。"脊兽的类型有传统的吻兽、鳌鱼等，也有极具地方特色的龙、凤、狮子、老虎、獬豸、燕尾、蛇等（图3-19）。

图3-18　磨沟村建筑组群悬山式屋顶

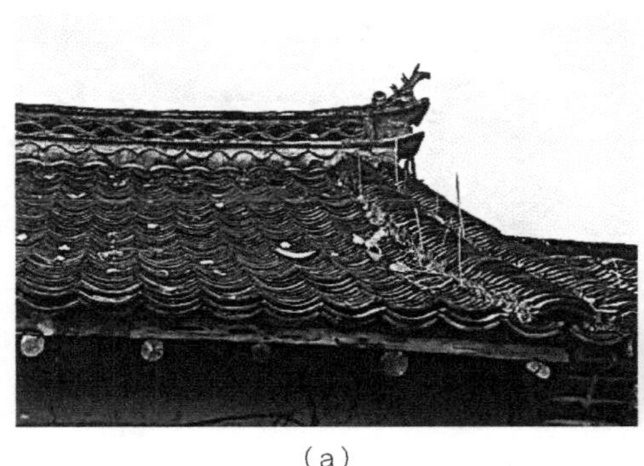
(a)

(b)

图3-19　豫西南传统村落建筑组群脊兽
(a)四里营村屋脊兽；(b)吴垭村屋脊兽

屋顶瓦的铺法形式较少，最常见的做法是以仰瓦干槎式为主，或者左右设两列合瓦梢垄。屋檐有挑檐、出檐、封檐等，部分简陋的民居椽檩裸露在外，讲究些的则采用“查檐”（封檐），分为“四封檐”“三封一出”“两封两出”“四出檐”等做法。也有的设置封檐板对椽子进行防护，同时在封檐板上施加一定的装饰，如线刻、彩绘等。屋顶椽子（南阳方言为椽杆儿）的构造上，多采用木质椽子，也曾经用竹竿等材料。不同的民居有圆形、方形、半圆形、不规则形等多种，使用时稍作加工或不加工。但在数量上讲究“取双不要单”，甚至在椽子的放置上也有规定，堂屋椽子间距一尺，放置十根，东西两梢间椽子间距九寸，椽子不正对门中心，避免“扎嗓椽”。檐口大部分露椽，少数民居采用封椽（图3–20）。屋顶苫背层薄，屋顶重量轻。在豫西南地区，“房里子”是指椽子以上、瓦以下的部分。构造上则一般用箔，少数富户人家用砖芭（当地方言为“八砖”），方形，其尺寸为八寸。箔一般用高粱秆、苇子、岗柴、白腊条、荆条等一种或几种材料编织组成，编织好后的箔会覆盖在椽子上，上面是草泥灰背层或苫瓦。封檐以菱角檐、抽屉檐居多，在豫西南地区村落中普遍采用。也有的采用鸡嗉檐、冰盘檐或者其做法的变体，如邓州市构林镇刁营村民居就采用鸡嗉檐的变体。

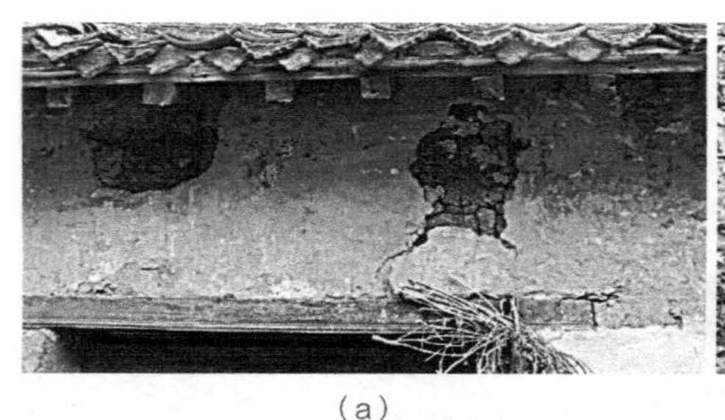
（a）

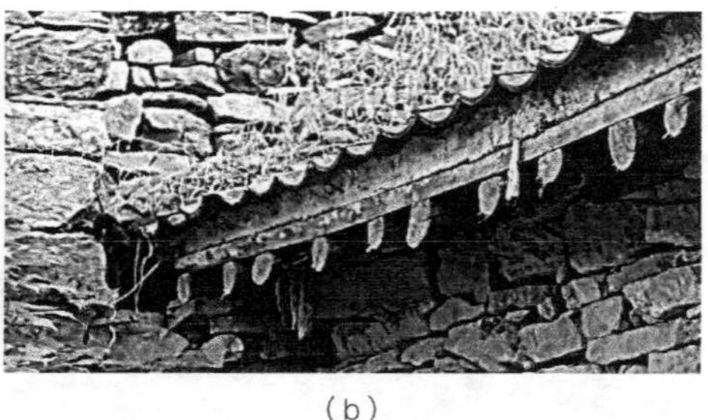
（b）

图3-20　豫西南传统村落建筑组群木椽
（a）文庄村建筑组群木椽；（b）吴垭村建筑组群木椽

2．下盘的形制

下盘主要分为两面山墙、前后檐墙以及墙下的台基。

下盘中的台基构造简单，形态各异。豫西南地区建筑在商代就注重对屋基的营造。1959年发掘的南阳十里庙村商代遗址中就发现了方形穴居式房基。后随着居住空间由“穴居—半穴居—地上”的发展，出现了不露明或露明的台基。台基具有防水避潮、稳固屋基、调适构图、扩大体量、调度空间、标志等级等作用，20世纪六七十年代追求的“高台大瓦房”中的“高台”，即为对房屋台基的要求。因此豫西南传统村落建筑的堂屋（正房）一般设置有露明的台基。有的由于地势地形、纲常伦理等因素影响，台基设置得较高，如南阳市内乡县乍曲乡吴垭村吴登鳌民宅（图3-21）、宛城区瓦店镇界中村郑东阁民宅等。台基的材料以砖、石为主，以台明为主体。台基的“台面”一般用砖或石头平整铺设，“台帮”一般为片石、碎石、块石、卵石包砌，厢房往往不设台基。有些民居正房也不设台基，采用提高室内地面高度、门外设踏跺的形式。

图3-21　吴登鳌民宅高台基

地面是空间内活动的“主阵地”，空间使用的便利与否可以说与地面有着直接的关系。李渔在《闲情偶寄》中专门写到甃地，他认为素土地面、三合土地面、木板地面在地面铺装中都各有其致命的劣势，在建筑中使用多会引起不便，唯有砖铺地面是最为合宜的做法。素土地面是最为经济的做法，但容易潮湿生尘。三合土也较为经济适用，但容易干裂潮湿，并且不可移动。“不若仍用砖铺，止在磨与不磨之间，别其丰俭，有力者磨之使光，无力者听其自糙。”在豫西南传统村落建筑组群中，多以素土地面和砖铺地面为主。砖铺地面构造上一般采用条砖墁地，其做法为条砖顺砖错缝、顺丁正铺斜人字纹、顺丁斜铺正人字纹等。如南阳市宛城区界中村郑东阁民宅正房堂屋采用顺丁斜铺正人字纹条砖墁地。也有的民居采用条石顺砌错缝铺设，如西峡县丁河镇木寨村民居。

豫西南传统村落建筑间架结构以三间五架为多，大部分梁架采用的是五架梁。即一般为三开间，五檩。开间的数量受如下几个因素的影响：其一是历朝历代典章制度规定下建房的习俗延续。自唐代起就有明确规定，平民百姓房屋不超三间五架“六品、七品堂三间五架，庶人四架”，规定经过历代更迭始终变化很小，明代规定“庶民庐舍不过三间五架”，居民已经习惯于典章制度规定下的房屋布局形式；其二是中国传统文化“阴阳”学说的影响。“阴阳”学说在中国传统建筑文化中处处可见，并通常以数的奇偶来表现“一座房屋通常有一间、三间、五间甚至多间，一般为奇数间。奇数在中国传统文化里是阳数，有阳刚的属性，可以平衡室内之阴；还有一个重要的因素就是奇数可以维持明间居中，两边对称。”当地民间也素有“三间五架屋偏奇，按白量村灾利宜。住坐安然多吉庆，横财入宅不拘时”的说法；其三是三开间的布局形式有其天然的优势与合理性。侯幼彬先生从其面积的适宜性、功能的合理性、空间的私密性、自然条件的高利用性、承重结构的模数化、群组集合的整体性等方面总结了三开间房屋的六条优点，认为其能够提供适宜的实用面积，满足必要的分室要求，具有良好的空间组织，获得良好的日照通风，可用规整的梁架结构，有利组群的整体布局。综上，开间一般为三间，也有的大户人家主房为五间（图3–22）。

（a）　　　　　　　　　　　（b）

图3-22　豫西南传统村落建筑组群三开间正房

（a）石窝坑村武运江民宅正房；（b）吴垭村吴保林民宅正房

在中国古代，木架结构体系始终占主导地位，哲匠对木材的质地、涨缩、纹理、色彩等已经了如指掌。豫西南传统村落中大多采用木架与砖石结合结构，不设柱子，或柱子的承重功能被墙体承重所取代。木架结构由原来的“主角”变为与砖石价值等同，甚至是价值略低的“配角”，而砖石则上升为整个建筑主要承重体系当中的材料。部分富户所建民宅中仍采用梁柱木架结构。在承重结构类型上一般分为三种。其一，建筑以墙体承重体系为主，一般为前后檐墙及山墙墙体承重，山墙或夹山承托檩条，较少使用木质柱子，这种类型在豫西南地区传统村落建筑中应用最为广泛，在砖墙、夯土墙、石头墙等墙体营造的不同类型中均有应用；其二，木构架与墙体承重结合。一般为山墙与柱、前后檐墙与柱结合。这种类型在豫西南地区也较为普遍，在节省木材使用上有一定作用。其三，全木构架承重体系。即梁柱承重，负担整体房顶的载荷。

从实地调研的情况来看，梁柱承重体系在豫西南地区应用较少，目前已经极为少见。由于豫西南地区是襄楚文化与中原文化的交汇与过渡区域，因此，其建筑中的木构架结构技术也呈现出南北方交融的特点，既有北方抬梁式建筑特点，又呈现出南方穿斗式建筑的特色。由于传统建筑抬梁式与穿斗式在结构与空间表现上又各有优劣，抬梁式费大材，但易营造大空间。穿斗式省大材但空间小。因此，豫西南地区注重结合二者的优势进行营造活动。房屋木构架式样多，结构设计与节点构造做法灵活多变，属于抬梁式和穿斗式结构的综合，部分典型民居建筑还结合了二者的优点生成了不同的梁架结构变体。就其类型来看有抬梁式、拨浪鼓式、穿斗式、穿斗与抬梁结合式、八字式（牤牛抵式）等，加上以之为基础的变体30余种，共同构成了豫西南传统村落建筑单体丰富承重体系的不同类型。结合施秀琴、周芸、华欣等学者对豫西南传统民居木构架方面的调研和分析，在其研究成果中所列的31类37种典型的木构架中，墙体承重占多数，为20种，占54.1%，部分建筑仍采用传统的木柱承重，而木构架承重的为11种，占45.9%。有部分梁架结构中使用叉手构件，叉手构件的长度根据房屋的进深与梁的长度确定，俗语称“丈二进深丈五梁，九尺叉手也不长”。意思是如果房屋的进深是一丈二，则梁的长度约为一丈五，叉手的长度则最少也要九尺才能与梁构成完整的梁架结构。两结构构件的链接方式有榫卯连接、扒钉连接等形式（图3-23）。

（a） （b）

（c） （d）

图3-23 豫西南传统村落建筑木构架

（a）吴垭村吴保林民宅厢房木构架；（b）吴垭村吴登鳌民宅厢房木构架；
（c）界中村郑东阁民宅正房木构架；（d）文庄村王玉芳民宅正房木构架

“壁，辟也。所以辟御风寒也。墙，障也。所以自障蔽也。”墙体作为建筑的围护结构，其重要性不言而喻。李渔认为：“家之宜坚者墙壁，墙壁坚而家始坚。”从豫西南地方志中就可以看出对建筑中墙体营造的重视，《南召县志》载：“富裕家庭盖瓦房或旧式两层楼房，有院落，围墙分土墙、石头墙、青砖墙之别，室内以条几、方桌、木椅等三层结构摆设。居住深山的人家盖木墙茅屋者较多，也有土墙草房和少数土墙瓦房，房屋多为出前檐，墙内含木柱子，墙为泥墙、石头墙或土坯墙。”《淅川县志》载：“平原地区一般都有院墙，深山区依山势建筑，大多没有院墙。”李渔对砖、石、土垒砌墙体有过论述：“界墙者，人我公私之畛域，家之外廓是也。莫妙于乱石垒成，不限大小方圆之定格。”他认为乱石垒砌的墙体做围墙为最妙，是最具自然美感的。卵石则出自山溪河流旁边，“傍山临水之处得以有之”，其垒砌的墙体有圆无方，有圆润之美，与乱石墙体二者其美“彼此兼善其长”。砖砌墙体最为常见，其砌筑方法已经非常普及，砖砌的美可谓“是人皆知”。夯土或土坯墙体则贫富皆宜“极有萧疏雅淡之致”，具有素雅之美。李渔比较推崇以严格的制度准绳来营造夯土墙体，他认为“若以砌砖墙挂绳之法，先定高低出入之痕，以他物建标于外，然后以筑板因之，则有旃墙粉堵之风，而无败壁颓垣之象矣。”

豫西南传统村落中以砖、石、土垒砌墙体为主，墙体分为土坯墙、夯土墙、砖墙、砖包土墙、上土下砖墙、上土下石墙、石墙、砖石墙等类型。在墙体厚度上，前后檐墙墙体厚度一般为一尺五，山墙墙体厚度略大，约为一尺六，有的房屋墙体甚至达到一尺八的厚度。在构造上，不同墙体的构造各有差别，土坯一般采用错缝层层垒砌，也有的采用土坯砖丁砌等，土坯建筑遗存已不多，在调研中一共发现6种土坯墙做法。夯土一般为层层夯筑，在构造上具有强烈的整体性。砖墙体是目前豫西南传统民居建筑中最常用的墙体砌筑材料，砖墙的砌筑方法多样，主要有顺砌、丁砌、顺丁砌、空斗等，调研中一共发现28种砖墙砌筑做法，构造上各有所区别（表3–1）。在做法上，墙体砌筑时忌对缝，一般无论土坯还是砖墙砌筑时都采用错缝，可以加强材料间的拉结，使墙体更为坚固耐用。在砖墙砌筑时，一般先砌筑墙体的两头（南阳方言为扎墙角），两头砌好后再从两头挂线砌砖。为了错缝，在扎墙角时要隔层砌一个“六寸头”，即砍削一块六寸长的砖。如果墙体分为内外两层，则内外两层砖也要错缝砌筑（图3–24、图3–25）。

豫西南传统村落建筑墙体砖砌式样表　　表3–1

编号	类型	地点	图例
1	一陡二甃空斗	宛城区瓦店镇界中村	
2	一陡一甃空斗	宛城区瓦店镇界中村	
3	一陡二卧空斗	宛城区瓦店镇界中村	
4	二顺一丁空斗	宛城区瓦店镇界中村	
5	顺砌十字缝	宛城区瓦店镇界中村	
6	一顺一丁	宛城区瓦店镇界中村	
7	三顺一丁	宛城区瓦店镇界中村	
8	多顺一丁	唐河县桐寨铺乡	
9	落落丁	宛城区瓦店镇界中村	
10	多层一丁	宛城区瓦店镇界中村	
11	二层一甃	宛城区瓦店镇界中村	

续表

编号	类型	地点	图例
12	半圆券	宛城区瓦店镇界中村	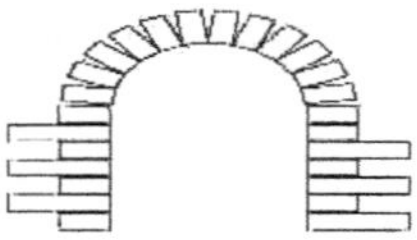
13	木梳背窗券	宛城区瓦店镇界中村	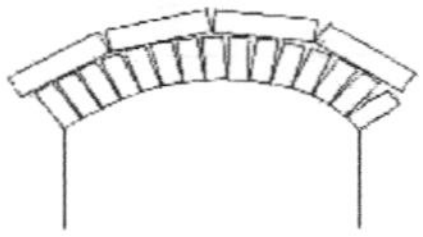
14	圆光券	方城县柳河乡文庄村	
15	一层顺一层丁	宛城区瓦店镇界中村	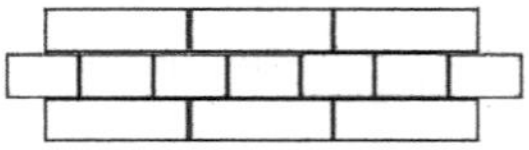
16	一陡二卧	方城县柳河乡文庄村	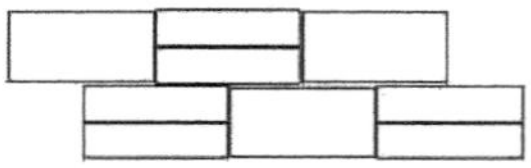
17	一甃+多顺+一丁	方城县柳河乡文庄村	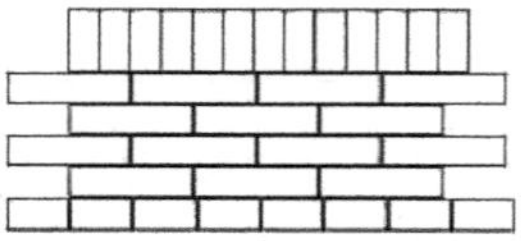
18	一甃一卧	方城县柳河乡文庄村	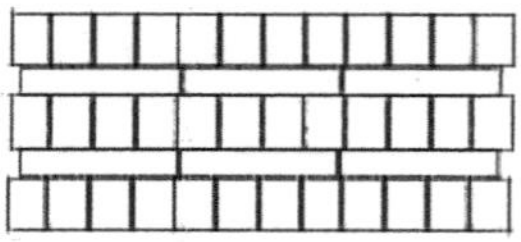
19	人字砌	方城县柳河乡文庄村	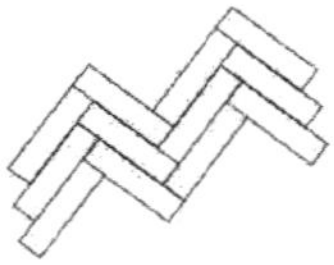

续表

编号	类型	地点	图例
20	一陡二卧空斗+一顺一丁	方城县柳河乡文庄村	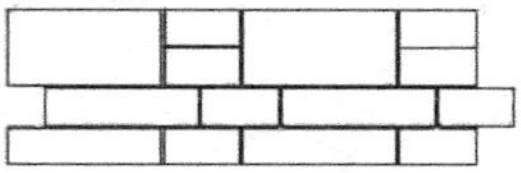
21	一陡二卧空斗+一顺+一丁	方城县柳河乡文庄村	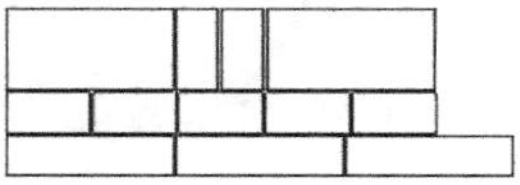
22	一陡三立空斗	方城县柳河乡段庄村	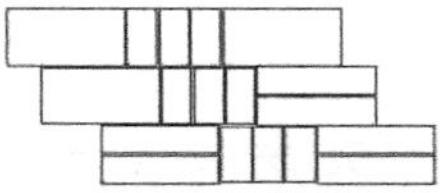
23	一陡二甃空斗+一层一顺一丁	方城县柳河乡段庄村	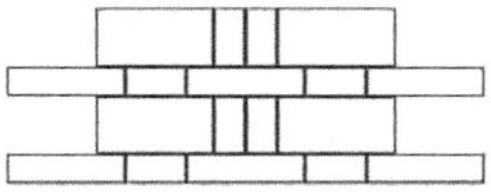
24	一陡二甃空斗+两层一顺一丁	方城县柳河乡文庄村	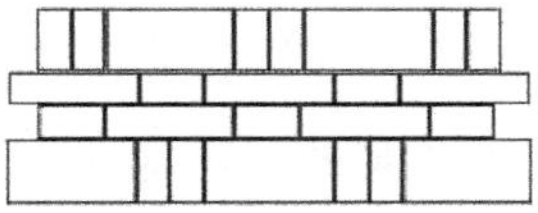
25	一层陡砖+顺砌十字缝	邓州市十林镇习营村、唐河县前庄村大河沟	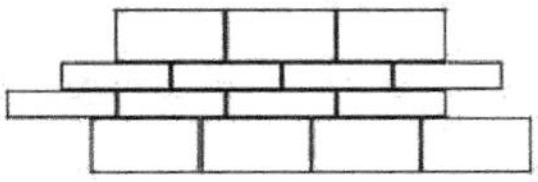
26	一陡二甃空斗+一层甃砖	唐河县前庄村大河沟	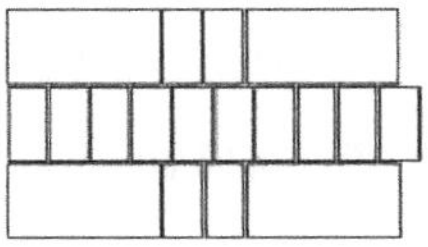
27	一陡二甃空斗+一陡一甃空斗	唐河县前庄村大河沟	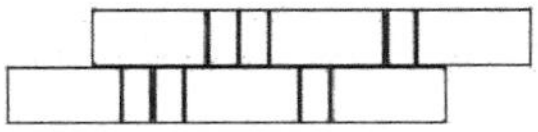
28	三陡一甃二卧+顺砌十字缝+一层甃砖	唐河县前庄村大河沟	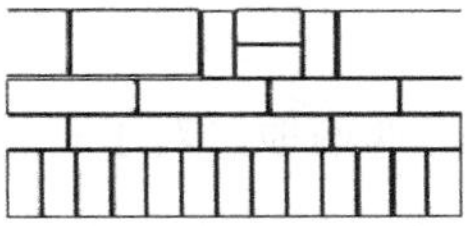

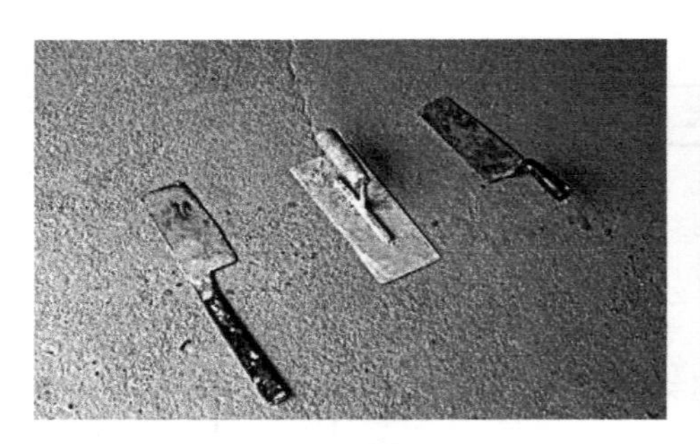

图3-24　砌墙的工具

图3-25　砌墙

二、豫西南传统村落建筑的材质美

陈望衡说：“就艺术创作来说，任何艺术作品的存在，都要借助于一定的物质媒介。”豫西南传统村落建筑组群作为一种建筑形式，是中国传统民居建筑，融合着传统工匠技艺和村民的生存智慧，是技术和艺术的结合体，不但有其可视化的存在形式，并能通过这种外在的可视化形象获得物质的满足和美感的享受与体验，是乡村较为典型的实用艺术品。通过对豫西南地区传统村落的田野调查发现，该地区的村落建筑组群得以实现的实用物质媒介或材质为石材、木材、竹材、金属、草等。这些材料自古以来便被加工和使用，多就地取材，且经济适用，以当地原生的土、石、木为主，带有当地材质所特有的性能、形状、肌理与色泽。结合材料的特性进行夯筑、垒砌、烧制、粘接、榫卯等加工处理，以适应当地的气候和生活习惯。无论是其未经加工的天然形态还是经过加工制作后的人工形态，都表现出材料的特质，给人以朴素的材质美感。

1．石材

豫西南地区对于石材的使用可以追溯到南召县小空山旧石器时代晚期遗址，该遗址为石灰岩洞穴，分为上洞和下洞两部分，在该遗址中发掘出石制品153件，主要有凹刃刮削器、直刃刮削器、弧刃刮削器、长尖状器、修边雕刻器、石片砍砸器、石片、石核等。《1987年河南南召小空山旧石器遗址发掘报告》载："从对上洞的石器工艺的分析来看，上洞的石器工艺还是比较先进的。"可见当时的人已经在穴居中进行一定的生产活动。住石洞、用石具说明了豫西南地区使用石材料的悠久历史。"我国古代的建筑材料，在土、木、石三者中，以土木为主，石材次之。"石材作为中国传统建筑中的主要材料之一，很早就被应用到建筑中去。商代的宫殿建筑柱础中就已经开始使用天然的鹅卵石来保护木柱底端，增强柱子的稳定和耐久性。豫西南地区三面环山，伏牛山与桐柏山区村落众多，石材种类丰富。因此，石材作为建筑材料取用比较方便。石材本身有众多优点：经济、实用、抗压性强、耐侵蚀、防水、耐磨、耐曝晒、隔热保温、生态环保等，自古石材的使用就较为普遍。豫西南地区传统村落建筑组群对石材的使用主要是作为墙体、柱础、装饰、桥梁、墁地、道路等建筑构件。特别是在木构建筑需要重点防潮、防腐的部位，一般都采用石材。

豫西南传统村落建筑组群所用的石材类型丰富，方城县、南召县域内的石材多为花岗石，淅川县域内的石材多为石灰岩和白云质灰岩。西峡、内乡县域内的石材岩性较复杂，以花岗石、变质岩及基性岩为主。桐柏县域内的石材则主要为岩浆岩，有黑云母花岗石、斜长花岗石、基性岩等。形状有块石、片石、卵石等，块石或片石的使用比较普遍，近山的村落普遍采用。卵石则在临山傍水处最多。豫西南一些地区的传统村落居民在建造房屋时甚至全部用石材完成，如淅川县盛湾镇土地岭村，墙体用石块，屋顶用石片，不用一砖一瓦。所盖的房子冬暖夏凉，舒适宜居。还有的村落的民居部分用石材营造，如内乡县乍曲乡吴垭村、南召县云阳镇石窝坑村、方城县柳河乡段庄村等村落的民居建筑都用石材砌筑墙体。

不同县域的石材在材质肌理和色泽上有差别，给人的美感也有所不同，有的做工粗糙，有的做工精细，粗糙的就显得雄壮有力，打磨得光滑的就显得斯文一些。同样是花岗石，从极粗糙的表面到打磨得像镜子一样的光亮，不同程度的打磨，可以取得十几、二十种不同的效果。以吴垭村为代表的内乡县域内传统村落建筑所用的石材表面色泽红润与冷峻结合，石材的表面整体上看偏红赭暖色，石材的内里则偏蓝灰冷色，显示出特有的色彩肌理。冷暖相间的色彩混合到一起，充满了音乐般的舒适感，就像康德所说的谐音和和声："颜色的对比对于眼睛就像谐音对于耳朵一样。如果多种颜色混合在一起，那就形成了真正意义上的谐音，如果多种颜色互相并列，那就构成了和声。"如果视觉上的美感可以转换成音乐，这一定是一曲优美动听的乡村进行曲。石材成块状或片状，但石材的韧性较差，质地脆，不容易大块开采，比较细碎，棱角分明，表面凹凸不平，抚摸上去手感粗糙尖锐，形状大小不一的石块、石片堆砌到一起形成了特有的冷暖协调、红蓝相间的肌理效果，细碎的石块让建筑有一定的险峻感和刚硬感，具有典型的豫西南山地建筑特色。而以石窝坑村为代表的南召县域内传统村落建筑所用的石材色泽黄褐，成块状，棱角也较为尖锐，相比吴垭村建筑所用石材石块更大、更整体，给人的稳定感强。以段庄村为代表的方城县域内的传统村落所用的石材在色彩和质地上界于上述两个县域之间，黄褐与红赭相间，整体暖黄。在石材形态上，由于靠近河流，石材多采自河流周边，石材被水冲刷得比较圆润，几乎每一块石材都像经过圆角处理一样，抚摸石材表面光滑细腻，充满建筑材料特有的丰腴感。以土地岭村为代表的淅川县域内的传统村落所用的石材红赭与冷灰相间，由于山体的石质成层状，所以所用石材为片状石板或石块，大的石板用于屋顶，小的石片用于墙体，石材具有强烈的线条感和层次感，表面齐整，抚摸上去有片石特有的平滑感（图3–26）。

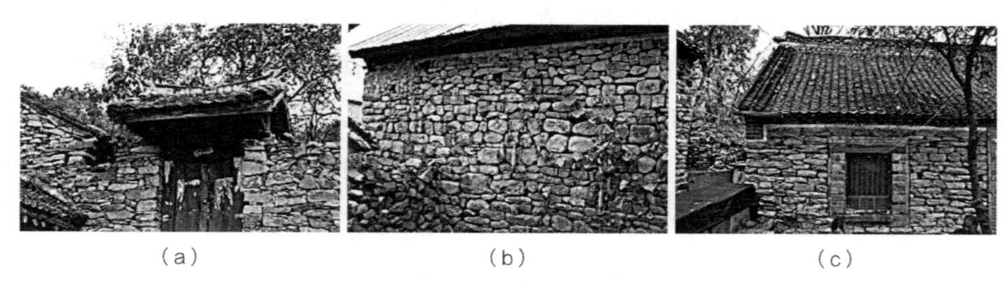

（a）　　（b）　　（c）

图3–26　豫西南传统村落建筑组群石材

（a）吴垭村建筑石材；（b）段庄村建筑石材；（c）石窝坑村建筑石材

2. 木材

木材是建筑材料的另一个“主角”。上古时期就有以木材作为建筑材料进行建筑活动的记载，木构架体系也是中国传统建筑的主体，在中国有着悠久的发展历史。木材在豫西南传统村落建筑组群中应用十分广泛，梁架、檩椽、门窗、围护、装饰等都是发挥木材特性最好的建筑构件（图3-27）。木材作为建筑材料有其天然的优势：

第一，木材为主的正统性。中国自古便有“构木为巢”的传统，原始先民创造出以木材作为主要承重体系的民居建筑类型。

第二，木材易于采伐，具备良好的经济性，能够满足就地取材的要求。豫西南地区地处伏牛山脉，森林覆盖率高，在宝天曼地区的伏牛山脉植被覆盖率可以达到98%以上，拥有丰富的木材资源。此外，豫西南地区有较大的林地面积，以淅川县为例，根据《淅川县志》记载，在1982年的林业资源调查中，林地面积就已达85.3万亩，其中用材林为64.7万亩，高于河南省全省0.4亩。在豫西南传统村落中广泛运用木材有资源基础和优势。由于木材资源的丰富性，在采伐中可以根据建筑尺度的要求选择粗细长短适宜的木材。也可以根据不同建筑构件的需求选

（a）　　（b）

图3-27　豫西南传统村落建筑木材

（a）吴垭村某宅正房木材料；（b）大楼房村张须森民宅木材料

择强度和韧性不同的木材，带有极强的灵活性。

第三，木材加工省时省力，木构件组合方便。豫西南地区地形复杂，木材的榫卯结构可以形成多种木材组合形式，灵活适应多种建筑需要。木材较快的组合建造时间也是其优势之一，可以满足村民快速营造并入住的需要。

第四，木材质地适宜、纹理美观。木材拥有天然的材料肌理，栎树、柏树、松树等建筑用材质地坚硬，带有骨骼般的坚实感，容易构建三角形的稳定梁架结构，能给人以稳定感和踏实感。先民根据木材的性质，逐渐创造出一套较为完整的木材使用及加工方法。其在汉代就已经基本形成，并一直沿用至今。木材作为承重材料，"立木顶千斤"，将木材立起作为承重柱、瓜柱等，可以有效地将屋顶载荷传递到柱础和屋基的地面。虽然在豫西南地区发展了多种承重体系，但现存的传统建筑中，完全采用木质梁柱承重的仍然有不少遗存，其中最典型的是社旗县赊店古镇的丁岩民宅，该民宅建于清末辛亥年间（1911年），为两层的抬梁式前出檐木架结构体系，完全采用木结构承重。木材还是制作门窗和建筑围护的主材料，豫西南传统村落建筑中大部分的门窗都为木质。虽然大部分的建筑围护都为砖、石头、土坯或夯土，但仍然还有部分建筑采用木质围护，如社旗县赊店古镇丁岩民宅的二楼就采用木材半围护。此外，在木材的纹理感和年代感方面，不同的木料，特别是由于木纹的不同，都有不同的艺术效果。木材去皮晾干后色泽金黄，纹理清晰，给人的感觉是有温度、有人情味、健康的材质。很多学者认为，中国传统建筑的美在经过时间的洗礼后将更加饱满。木材经过长年累月的烟熏、尘封和风吹日晒，其材质的厚重感与日俱增。如方城县王玉芳民宅经过冬季取暖炭火烟熏的梁架和檩椽、风吹雨淋的大门和窗棂，都显示出时间带给建筑的厚重感、沉稳感和特有的材质美感。

第五，木材适宜装饰。木材除了材料本身的纹理质感外，还可以进行额外的雕刻彩绘。如赊店古镇中公共建筑山陕会馆中的木雕装饰就十分丰富，这些装饰选题为历史、神话、传说或文学作品中的经典故事情节加以创作，具有教化功能。雕刻手法多样，雕刻技艺精湛，体现出清代建筑装饰中木材的重要性。在村落中的一些公共建筑上往往还会施以彩绘，如香严寺、普严寺、关帝庙等大型寺庙建筑的梁枋、柱子、斗拱等处，都有木材彩绘所带来的中国传统建筑装饰美感。

第六，生态优势。由于材料属性的防潮、保温、隔热性能，木材带给人们更多的融于自然、与自然和谐共生的舒适感和美好感。

第七，木材具有文化寓意。《苗店镇志》载："盖房所用木料，也有所宜忌。房梁一般喜用榆木，取其'余粮'之意。忌用桑木，俗话说'桑不上房'，因'桑''丧'同音，恐不吉利。其中有的是树木名称不吉引起的禁忌，有的则属树木材料质地差，不宜上房。民间还以为以果木为门插关，可以远盗。又忌讳用楝木做床，俗话说，用楝木做床主灭子嗣。"豫西南传统村落建筑组群注重木材使用的谐音和美好寓意。可见，对木材的使用也体现了当地的民俗，从木材的材质属性上看，其柔韧性和质地的密度也对建筑的营造和人的居住心理产生影响。

3．土

在汉语中，大兴土木即大规模兴建房屋建筑之意。可见，中国传统建筑中土、木密不可分。土材带有天然的材质美感，其可夯筑、可粘接、可模制，可塑性、保温性、经济性俱佳，又能带给人们更多的居住和生活愉快美好的体验。另外，包括土材料的采集、加工制作等方面的工艺中也蕴含着劳动人民的智慧和创造，凝结着材料制作的劳动美。因此，土材料是建筑材料的"主角"之一。土材料在建筑中使用历史悠久，是人类最早使用的建筑材料之一。人类对土材料性状特点的掌握和普遍使用在远古时期就已经形成，并一直沿用至今。在新石器时代的仰韶文化时期就已经有用土材料建造房屋的技术，夯土版筑技术不断进步。《中国古代建筑技术史》载："新石器时代仰韶文化的淮安青莲岗遗址的文化层中，发现当时经人工夯打过的'居住面'，这是已发现的我国最早的夯土。"麦秸泥屋面在我国已经有四五千年的历史。中国科学院在研究中国文化的报告中曾进行关于仰韶文化时期中国最早房屋原型的论述，这些房屋原型的墙壁和居住面均用草泥土涂覆，屋顶用木椽架起，上面铺草或涂泥土。在河南偃师二里头一号和二号宫殿遗址发掘中就发现3500年前木骨泥墙围隔的殿堂遗迹，“采用的是土木混合结构的‘茅茨土阶’构筑方式，这里有夯土的庭院土台，夯土的殿堂台基；有木骨泥墙和夯筑的土墙。”

豫西南传统村落民居是最早使用土材料的地区之一，淅川县盛湾镇马岭村马岭遗址考古发现中可以看到遗存的新石器时代建筑房基形制为圆形土作，土材料在南阳地区仰韶晚期的氏族部落建筑中已经广为使用。在豫西南传统村落现存的民居建筑中，还有不少是以土作为主要建筑材料建造的，以夯土版筑墙（当地方言称其为板打墙）和土坯墙为主。这充分体现了土材料的优势，土材料不需费用，采集方便，土的用途也相当广泛，可以单独进行夯筑制作夯土墙，可以作为建筑材料的胶粘剂粘接建筑材料，可以抹面内外墙体隔绝空间，可以与草等结合做苫背层密封隔热保温，可以与水混合做成土坯垒砌墙体，可以烧制成砖、瓦、装饰物等建材制品营造墙体或建筑装饰，还可以调节土地高差、优化布局，可以种植绿植美化空间。可见土材料在民宅营造中的重要性(图3–28)。

4. 草

草材料也是豫西南地区最容易获得的建筑材料之一。这里的草材料是指与建筑活动有关的草本植物。自原始社会，草的茎叶作为材料就被用在巢居、穴居的屋顶材料被使用。特别是草与土、木等其他建筑材料结合制作的草屋顶、草筋泥等构件及材料，对于中国传统建筑的营造有着重要的影响。根据考古发现，在半坡早期，居民就已经开始用茅草、芦苇等植物茎叶填充椽间的空档，并且在木构架上涂稻草等草本材料制作的草筋泥进行防水及防火。在中国古代文学艺术作品中，也常反映草材料建筑，陶渊明向往的“草屋八九间”，老莱子居所的“莞葭为墙”“蓬蒿为室”“蓍艾为席”，其中的“莞葭”“蓬蒿”“蓍艾”

（a）　（b）

（c）　（d）

图3-28　豫西南传统村落建筑土材

（a）界中村郑东阁民宅土坯墙；（b）磨沟村某宅土坯墙；

（c）文庄村文宗玉民宅夯土墙；（d）石窝坑村某宅夯土墙

皆为草本建筑材料。在《清明上河图》中可以看到宋代都城汴京的郊野用草做屋顶仍然十分普遍。总而言之，几千年来，草本植物材料为中国传统建筑及其空间的营造提供了更多可能。特别是荻和芦苇（豫西南地区谓之岗柴）编结而成的箔，多用于代替望板或望砖用于屋顶承托瓦石之用（图3-29）。草筋泥多作为墙体抹面使用，在夯土墙中也通常会掺入一定量的稻壳、芦苇、麦秸等草材料以增加坚固性和抗拉强度，方城县文庄村文宗玉民宅就在夯土墙中添加了草材料作“筋”。

即使到了现代，草材料也经常作为建筑材料用于建筑活动。究其因，草作为建筑材料有许多优势。首先，草材料取之不尽用之不竭，乡野田间、河塘边随处

（a）　　（b）

图3-29　豫西南传统村落建筑草材

（a）周庄张奇瑞民宅岗柴箔；（b）文庄村某宅岗柴箔

可见，有着采集的便捷性和经济性；其次，草材料的物理属性可以作为建筑构件或材料使用。草本植物有一定的韧性和抗压度，通过编结、捆扎等简单加工工序将材料集合后其承托力和抗压度等性能大幅提升，同时也更具有节奏与韵律的形式美感；再次，草材料容易与土木等材料结合，比如“草筋泥”比纯土做的泥韧性更好，更坚固。

三、豫西南传统村落建筑的工艺美

芝加哥艺术学院收藏的一幅明代佚名画家的作品《太平街景图》（图3-30）中展示了明代工匠师傅解木、榫卯、施彩绘等传统木作工艺和柱础的雕刻制作等石作工艺的制作场景。工匠分工明确，制作有序，一派热火朝天的建筑材料加工场景。其实，材质的加工过程和施工工艺也是一种美的体现。

图3-30　太平街景图

1．石作工艺

《太平御览·工艺部》载："烁金以为刃，凝土以为器"，物之性与人之工的结合才能制作出供人们使用的器具。材料的属性如果不经人工雕琢，往往在作为建筑构件使用时遇到不便，如石头的大小、形状，与其他材料的结合等，大部分情况下是需要用砍、削、磨、雕等工艺进行处理的。在墙体砌筑等流程中，对于石材以何种形式摆砌等也需要一定的工艺。石材的砌筑一般采用上下错缝、平叠垒筑，和一般砖砌体没有多大区别，在需要出挑的部分，使用叠涩。石块与石块之间一般不用胶结材料。豫西南地区石材墙体的砌筑显然更丰富，如内乡县乍曲乡吴垭村民居建筑墙体的砌筑，选择的是大小不一、形状各异、不加修饰的石块，檐部出挑采用石板叠涩的方式。豫西南传统村落建筑中使用的石材一般有如下几种来源：

第一，近山开采。即村落的位置位于山区或丘陵地区，便于就近开采山上的石材用于营造活动。天然的石材在开采时往往会有一定的瑕疵，会影响石材本身的抗压强度，或者影响石材的肌理美感。通常在选择时会精心挑选，有瑕疵的一般不用于关键的部位。石材的纹理决定着石材的抗压性能。在开采或采集石材时，一般会选择顺溜的纹理。有明显开裂或裂纹的石材一般会将其置于非承重部位。在改革开放前，经济不发达，机械化水平低，豫西南地区传统村落居民采集石材时常用传统手工操作的方式。村民在建房前，组织好工匠，用钢钎、铁锤、撬棍等，通过传统的手工操作获取石材。石材采集后就可以进行加工了，刘大可曾对石料加工手法做过总结，他认为石材采集后的加工手法主要分为劈、截、凿、雕、打道、刺点、砸花锤、剁斧、锯、扁光、錾点、磨光等。豫西南传统村落建筑的石材加工过程主要用到劈、截、凿、雕等。豫西南地区山体石头都从村落周边的山上采集，大部分山体石头缺乏片状的纹理结构。小而碎的石头更加便于开采和运输，采集的石头无论形状如何，都将其用到墙体的砌筑上，内乡县乍曲乡吴垭村、南召县云阳镇石窝坑村、邓州市彭桥镇杏山村等都属于此种类型

（图3–31）。少数的县市山体多片状的石头，居民开采简单加工后用于屋顶，代替瓦使用，如淅川县盛湾镇土地岭村的建筑多采用这种方式，其与豫北的石板房建筑有相似之处，但在片石使用时的精细处理上不同，豫北的石板加工处理得更为方正，多呈规则的几何形，土地岭村的屋顶石板多为粗加工，不规则，形态各异。

（a）　　　　　　　　（b）

图3–31　豫西南传统村落石作工艺

（a）石窝坑村石作工艺；（b）吴垭村石作工艺

第二，近水采集。村落位置多位于河流沿岸，河水中有许多上游水流冲刷的卵石，村民沿河采集卵石用于民居营建。方城县柳河乡段庄村的部分民居就采用河边收集的卵石砌筑墙体，取材方便，且卵石的形态浑圆饱满，形成了特殊的石质肌理美感。

第三，旧石循环利用。旧石的循环利用主要是汉代画像石材作为建筑材料的利用。豫西南地区的南阳在西汉时期就是与东都洛阳、西都长安、吴都建康、魏都邺城并列的五大商业都市之一，经济发达，贵族众多。东汉后又称为洛阳的陪都，是皇亲国戚、达官显贵的云集之地。受到汉代“视死如视生”观念的影响，有厚葬之风，于是在很多墓葬中运用石材进行雕饰。然而我国古代有盗墓之风，许多画像石墓被盗掘之后，画像石被拉出墓穴，或作桥基，或作铺路石。有的则被用于民居墙体等的营造。河南日报《在南阳，贴近汉画像石》载：“南阳的老人们都还记得，当年的画像石分布在南阳各地，散处在民间，在普通民众心里，它不过是一种‘有画的’石块而已，人们用它砌墙、垒猪圈、凿猪食槽、砌房基。曾经，南阳的街道、商店墙壁、城墙基和大小桥下随处可见的，便是画像石。”至今在某些村落建筑上还可以看到汉砖或汉石的使用。

2．木作工艺

梁思成说过：“尽木材应用之能事，以臻实际之需要，而同时完成其本身完美之形体。”木材作为中国传统民居建筑中重要的建筑材料，其应用有着悠久的历史，古代工匠也通过聪明才智积累了大量的营造经验。早在远古时期“有巢氏”带领民众营建居所时就学会了通过木材捆扎组合构筑居住场所。黄河流域新石器时代的河南偃师汤泉沟穴居遗址的考古发现表明，先民已通过将树木枝干和草本茎叶扎结成架来做“房屋”的顶盖。长江流域新石器时代的河姆渡文化时期，先民开始通过更为高级且一直沿用至今的木材榫卯的手法对木材进行加工。

木材作为建筑材料使用需要经过采伐、运输、加工等工序。豫西南地区的传统村落建筑在木材的选用上一般用杉木、松木、榆木、栎木等，这些木材密度高，抗压性强，不易生虫，有些树木名称的谐音吉祥，如“榆”与“余”谐音，榆木做梁有家有“榆梁（余粮）”年年有余的吉祥寓意。木材的采伐需要使用专用工具，在新石器时代古人就学会运用石斧等工具伐木，商代青铜工具的出现提高了伐木及木材加工的效率，斧、凿、锯、钻等已经被广泛使用。到了明清时期加工工具已经十分完善了，有斧、凿、锯、刨、锛、尺、墨斗等（图3–32）。桐柏县流行的歌谣《拜木匠》唱到：“……鲁班师傅下凡早，随身带着几样宝。带来墨，带来线，带来凿子和尺板。样样家什都带有，还把本事四下传。”豫西南地区的《伐木歌》唱道：“伐木头哟！造高楼哟！富人住哟！穷人看哟！嗨哟嗨哟嗨哟……”。木材采伐后通常采用人力抬运、畜力牵引等形式将木料运至备料加工场所进行下一阶段的处理。新采伐的木材不能直接用作建筑材料，要先进行

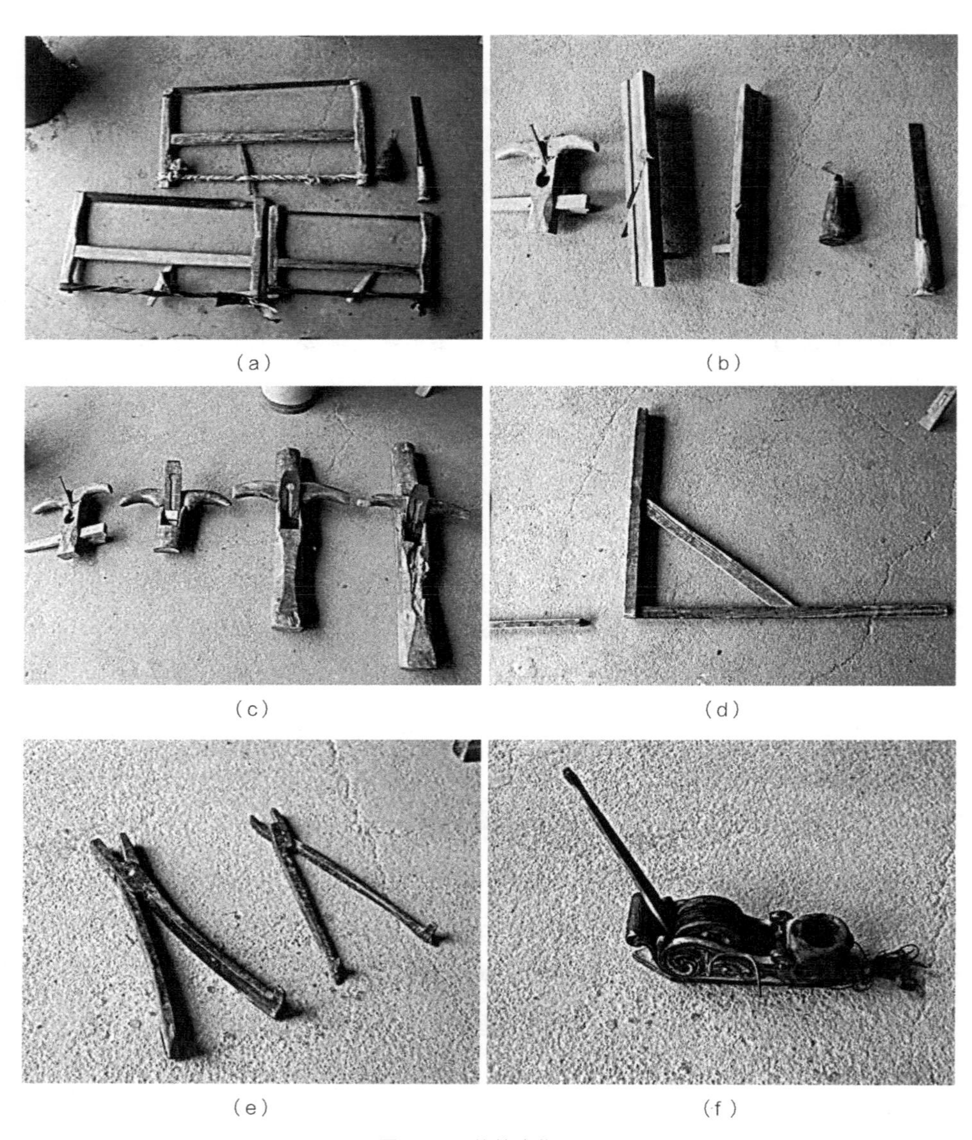

（a） （b） （c） （d） （e） （f）

图3-32 传统木作工具

（a）锯；（b）刨、凿；（c）刨；（d）尺；（e）刨钳；（f）墨斗

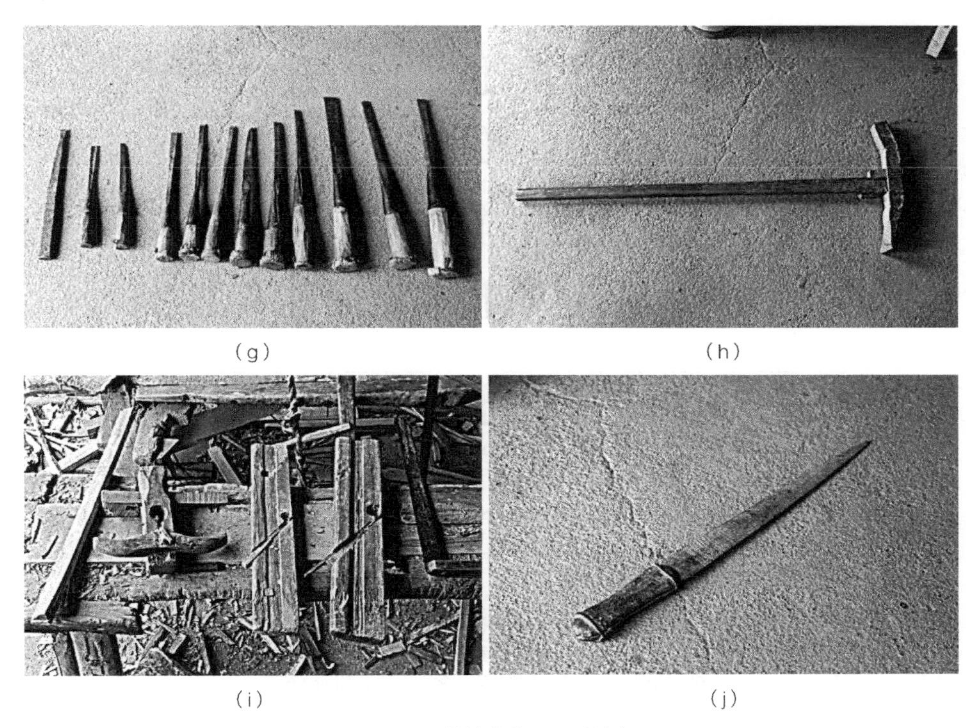

（g）　（h）

（i）　（j）

图3-32　传统木作工具（续）

（g）凿子；（h）锛；（i）起线刨；（j）钢锉

去皮及自然晾干，这样木材才会更加结实耐用，承重性能也更好，不易变形与生虫。晾干以后进行木材的加工，根据木料的规格进行解木、刨平、榫卯、插接等，组合成完整的门窗等功能构件。豫西南传统村落建筑中梁柱、门窗、檩、椽、木质装饰雕刻等的营造上多采用传统木作形式，制作工艺朴拙。如南阳市宛城区瓦店镇界中村逵心安民宅，在以木柱承重的平身柱两侧插梁的榫卯，榫头及卯口大部分未经过精细的制作，较为粗糙。豫西南地区传统村落建筑的木构架形式相当丰富，有“抬梁式”“拨浪鼓式”“穿斗式”“抬梁为主局部穿斗式”“穿斗为主局部抬梁式”和“变异型抬梁式”等（图3-33）。虽然形式多变，但都是以木构架作为屋顶承重的主要构件，这些衍生出来的不同的木构架形式几乎都用到

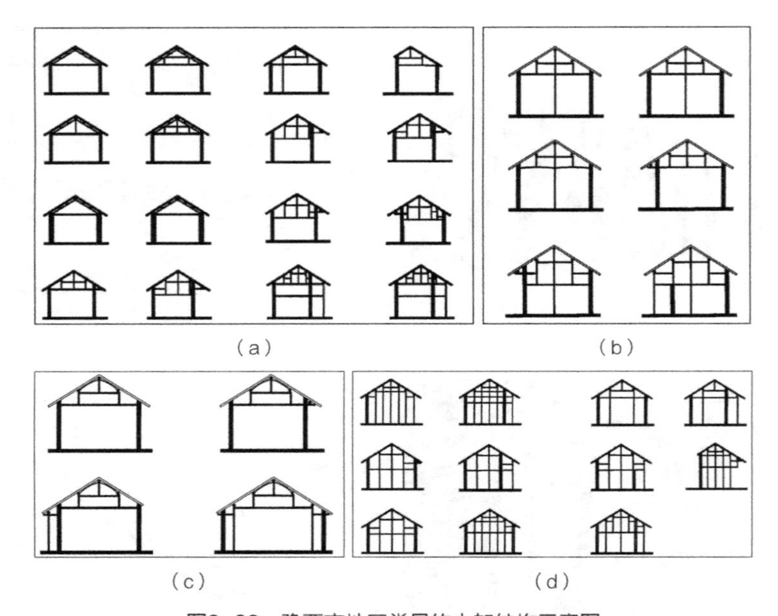

图3-33　豫西南地区常见的木架结构示意图
（a）抬梁为主与局部穿斗式、变异型抬梁式；（b）“拨浪鼓”式；
（c）常见抬梁式；（d）穿斗式、穿斗式为主局部抬梁式

了木材的榫卯工艺。榫卯的工艺做法有天然的优势，首先榫卯工艺是对中国传统木构建筑的传承。中国古建筑中榫卯的做法一直流传至今；其次榫卯工艺节省材料，可以将长短不同的材料结合到一起使用，避免了材料的浪费；再次榫卯工艺可以显著提高建筑的抗震性能。榫卯将木材通过榫头和卯口穿插连接，既将二者连接到一起，又保留了木材本身的韧性。特别是在梁、檩、枋等水平构件和柱子等垂直构件的结合上，榫卯工艺做法十分普遍。豫西南传统村落建筑木构架榫卯的类型主要有穿透榫（穿插枋与柱子的连接）、半透榫（柱子与两旁的短梁或枋的连接）、箍头榫（梁或枋与柱的连接）、大头榫（檩条的连接）、檩碗榫（檩条与梁的连接）、上下十字卡腰榫（八字抄手的连接）、燕尾榫（枋与柱子的连接）、馒头管脚榫（圆柱与柱础的连接、瓜柱与梁的连接）、套顶榫（方柱）等。

木材装饰也是木作工艺的一部分。有的在梁或枋的端部施加雕刻，一般雕刻吉祥图案，如界中村郑东阁民宅抱头梁的如意云纹雕刻（图3-34）和社旗县赊店镇丁岩民宅的大进小出出榫做法穿插枋端头的类似麻叶头做法的吉祥纹样（“文革”期间大部分被锯掉，目前只剩一小部分残存）。椽子也是木质，大部分做工简单，工艺粗糙。从横截面的形状来分就有多种：圆形、半圆形、长方形、正方形、不规则形等。一般农户都是将较细的木材去皮后根据长度直接锯断，或者一分为二使用，呈现出不规整的圆形或半圆形。《韩非子·显学》中说：“自圜之木，百世无有一。”自然成长的木材都有其天然的特点，并非规则的形状，经济条件较好的人家则在椽子的端部进行修整，将端部截面做成正方形、正圆形或长方形，还有的略加加工呈现出不规则形。在民居中运用木质斗拱也是豫西南局部县市传统村落建筑的一大特色。王耕认为“斗拱一方面解决了屋顶荷载过于集中，不均衡、不稳定的难题，一方面形成了木构建筑在审美情绪上立体的凌云飞动特效。”斗拱的结构性作用和意义已经几近消亡，基本充当了简易的支撑作用和肤浅的装饰作用。淅川县仓房镇磨沟村的民居建筑在穿插枋的上部用斗拱承托檐檩，并在斗上施加吉祥纹样的雕刻。这在民居类建筑中是较为少见的，具有特殊的工艺和结构美感。

图3-34　郑东阁民宅抱头梁

3．土材料及其制品的工艺

古代的建筑工程没有离开过土，所以盖房子先讲“动土”，其次再讲“兴工”。豫西南传统村落所用的土作技术主要有夯土、土坯及其烧制品制作技术等。中国古代的土作技术种类丰富，形式多样。土作工艺在豫西南地区具有悠久的历史，在淅川县盛湾镇马岭村马岭遗址考古发现中可以看到遗存的新石器时代

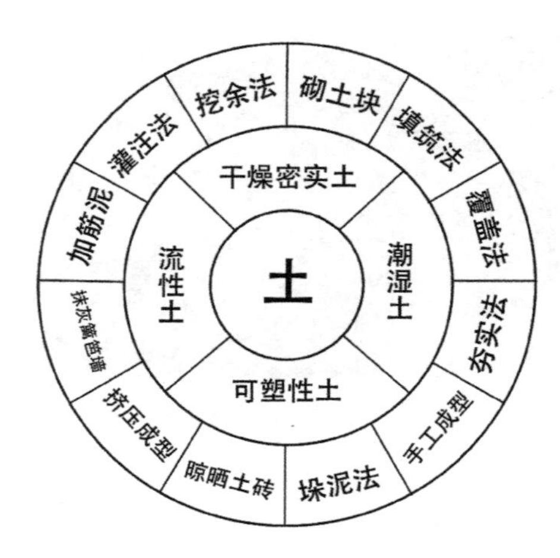

图3-35　古代土工建造方法示意图

建筑房基形制为圆形土作，在豫西南地区的地方志或民俗志中也对建筑墙体的土作工艺有过描述："草房的墙壁或为板打，或为坯垒。"根据兰州大学张虎元教授的研究，对土材料的利用主要根据土材料的四种不同性状，即干燥密实土、潮湿土、可塑性土和流性土（图3-35）。干燥密实土主要用于砌土块或通过挖余法制作窑洞等。潮湿土主要填筑墙体、覆盖地面、夯筑夯土或制作土坯砖、土坯块。可塑性土则主要用于直接挤压成型的土块、直接可以晾晒的土砖或土块、制作垛泥墙体、手工塑形的墙体等。流性土则多用于墙体抹面或灌注。除了张虎元教授总结的中国古代土作技术外，土材料烧制成的砖瓦也是常用的建筑材料。

下面我们着重对上述几种土及其制品技术展开讨论。

夯土技术在中原地区使用较早，考古学家发现最早的城墙出现在公元前三千纪，已经使用了简单但有效的"夯土"法：修建者先以木夹板确定墙的宽度，然后往夹板间填土，以重锤夯砸。一层层夯实填土，一步步移高木板，不断重复这个步骤，城墙也就逐渐升高，直到预计的高度。使用这种方法修建的土墙相当结实，可观的宽度使得士兵可以在上面巡视。这种建筑方法在中国历史中一直被延续使用，只不过后来的人们在墙面上砌了砖以进一步增强它的耐久性（《废墟的故事：中国美素和视觉文化的"在场"与"缺席"》）。自殷商时期就开始使用的夯土营造房屋建筑技术使用范围不断扩大，逐渐推广到民用建筑领域。商代不仅仅在筑城、宫殿方面使用夯土，而且在居住房屋方面也同样运用夯土版筑技术（《中国古代建筑技术史》）。

夯土墙保温性能好，隔声防火，坚固耐用，而且具有一定的抗压性，可以代替木柱与砖石承重。在先秦时期就已经有关于建筑营造夯土版筑的文献记载。《诗经》中记述了夯土墙的营造过程："其绳则直，缩版以载，作庙翼翼。捄之陾陾，度之薨薨，筑之登登，削屡冯冯。"诗经《小雅》述："约之阁阁，椓之橐橐。风雨攸除，鸟鼠攸去，君子攸芋。"此后版筑技术不断进步，一直延续到改革开放前，随着经济的发展和砖瓦、水泥等的广泛应用，夯土版筑才逐渐退出历史舞台。各县的夯歌唱出了集体夯筑的建筑营造劳动场景和行夯次序、路线、遍数等信息。方城县《打夯歌》唱道："领：一起抓起夯呵！和：嗨嗨呀呼嗨哟！夯夯有力量呵！……一起抓起杠噢！打一个翻身仗呵……石硪往上抬呵！越打越自在呀！石硪往上掀哪！离天一丈三哪……"邓州的《打夯歌》则唱出了一压三、环套、雁领队儿、人字印儿等多种打夯方法："打夯要抬高，省哩累坏腰。打夯要攒劲，攒劲有精神。打个一压三哪，打个环套哪，打个雁领队儿啊，打个人字印儿啊。拐弯上那边啊！"靠近南阳市区的靳岗乡的夯歌则更注重对美好生活的祈愿，极具生活气息："抬石夯噢，咱们都准备哟！砸它个东南西北哟！砸到东噢，孙悟空哟！砸到南噢，得银元哟！砸到西哟，美妲已哟！砸到北哟，打乌龟哟！嗨哟嗨哟……"

夯土墙的制作流程：一般是先扎根脚，即先放线定出位置、间道，再起槽行夯，砌石头或砖。绰平以后垒7～8层砖，因俗说房檐水澎七不澎八。板打墙所用的打墙板，是两块长6～7尺、宽1～2尺、厚2寸的木板，一端由一块横板活榫连接，能开能合，俗称板头；另一端由夹杆固定在下层墙上。夹杆是四根棍，每端都掏有榫。其中有两根圆棍，一根在下层墙上挖槽，横担于板下，一根在板上扣合两立棍。使用时，将板固定好，先填大半板土，待夯实后再填土再夯。夯时先夯两边再夯中心。每填一层土先用尖头铁杵夯两遍，再用平头木杵夯平。墙基一板三填土，平座以上两填。打墙要咬着层，上下层的横头接口一定要错开，不能上下相对才会坚固。限于经济条件，一般农户家往往采用素土夯实。夯筑工具上，在机械工具不发达的时代，村落中建房夯屋基时一般采用木质夯或石质夯，木质夯在木头的周围设有四个抓手，石夯则是设有四条夯绳，夯筑时采用四人合力夯筑将地基夯实。墙体夯筑工具还有墙体夹板（打墙板）、石碱、插杆、立柱、横杆、绳子、铁锹、抬筐、簸箕等，插杆连接两块夹板，其在夯筑时会在夯土中，所以墙上会留有插杆洞，后期对墙洞进行修补直接保留。墙体在夯土版筑时一般采用三块夹板，两长一短，长者称为“栽”，短者称为“干”，“栽”用于墙体两侧，“干”用于墙体端部，三块木板通过插杆和绳子捆紧，围合成一个小的夯筑空间。之后是填土，土的干湿度要合适，不宜太干或太湿，太干了松散，太湿了不宜成型。一般采用素土夯实或素土与沙子、石块、石灰混合，有的还在土中掺入麦秸、稻草等作为“筋骨”，之后分层夯筑。夯筑步骤依次为支板、填土、平整、夯筑、撤板，之后更换位置按上述步骤循环，直到达到需要的墙体高度（图3−36）。

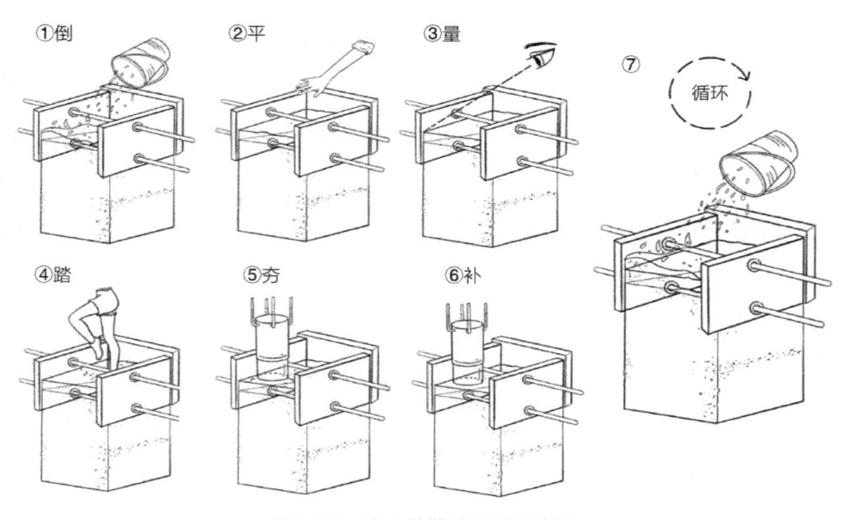

图3−36　夯土墙营造过程示意图

夯土版筑虽然存在诸多优势如经济、防火、隔声、隔热、防寒、承重等，但其夯筑不便、缺乏灵活性的劣势也十分明显，于是土坯作为土材料制品逐渐成为主要的墙体建筑材料之一。由土打墙到砌筑土坯墙，是一项巨大的技术进步，也是建筑材料的一大革新，它为砖的出现做了准备（《中国古代建筑技术史》）。可以说土坯在中国传统建筑材料史上是具有承上启下意义的一种建筑材料，是中国传统建筑模块化营造的开始。土坯在新石器时代晚期就已经被应用于建筑物的营造。目前所知最早的土坯出现在河南永城龙山文化晚期的遗址中（《中国古代建筑技术史》）。

豫西南地区的土坯分为水坯和旱坯两种。水坯的制作步骤依次为选土、取土、和泥、装模、脱模、晾干（图3-37）。土一般选择杂质少的纯黄土等。水坯为较稀的泥浆和碎麦秸等组成，在材料的密实性上差，易遭雨水冲刷侵蚀，耐久性差，其更适用于制作内墙材料，在做“里生外熟”的砖包坯墙体时常用到水坯。旱坯又称垡子坯，在北方地区经常被采用，也是豫西南地区常用的土坯形式之一，通常利用草根与泥土的错综盘结增强其坚固性与柔韧性，是农村地区因材致用的典范。其制备则相对复杂，制作步骤依次为选地、浇水湿地、碾压、利

图3-37　土坯砖制备场景

坯、铲坯、晾半干、立坯、晾干。选地一般以种过茭草的地为佳，茭草发达的根系为旱坯提供了天然的“筋骨”，如果没有茭草地，谷子地、岗柴地、黄背草地等也是极佳的制坯地。这些植物发达的根系可以提高旱坯的柔韧性和使用的耐久性。地选好后进行浇水湿地，或等雨后地变得松软，为下一步的压实做好准备。等地面松软后，用石磙反复碾压，将地面压实。地面压实后用特制的利坯器进行利坯，利坯器（图3–38）是将压实的地面进行切割的一种土坯切割工具，利坯时需一人赶牛，另一人操纵利坯器，将地面割出深宽各半尺的割痕。铲坯也需要专门的坯锨（图3–39），铲坯时两人拉绳在前，一人掌控坯锨在后，掌坯锨的人将坯锨插入坯底后，前方两人猛然发力拉动坯锨将旱坯铲下，铲下后掌铲人操纵坯锨将旱坯铲到一侧，晾至半干，之后将旱坯块立起来晾干，到此就完成了旱坯的制备，等盖房时垒砌使用。

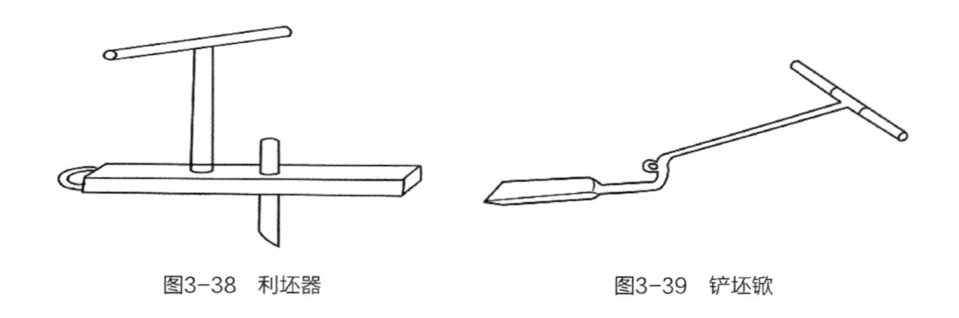

图3–38　利坯器　　　　图3–39　铲坯锨

烧制砖瓦也是土材料的一种使用形式。“秦砖汉瓦”是中国建筑材料史上浓墨重彩的一笔，其对建筑结构、强度、耐火性、装饰性等方面的影响是有着重要历史意义的。砖的使用可以追溯到新石器时代陶器的制作，我国的制陶工艺，远在新石器时代晚期就已达到相当成熟的水平。古人发现土材料与水和匀经过烧制，其材料性质发生改变，变得更为坚硬耐用，因此这一时期的陶器、彩陶等逐渐兴盛发展起来。到秦汉时期，古人开始将制陶工艺技术用于建筑材料砖瓦的生产。根据文献记载与考古发现，秦代以前是砖材料的早期阶段，春秋后期砖就已经开始应用于建筑做铺地之用，到战国时期砖的类型进一步丰富，出现了大型的空心砖等。总的来看，战国时期作为以夯土建筑为主要建筑形式的时代，砖数量少、规模小、用途少，多用于非承重构件和装饰构件，制砖技术尚未形成独立的体系，所以这个阶段的砖材料较为小众。而到了汉代，随着技术的进步，砖逐渐开始作为承重构件使用，并且在砖的形状和制作技术方面进行了种种探索，出现了各种不同用途的砖，制砖技术发展呈现出活跃景象。砖在这一时期建筑活动中的使用逐渐增多，开始了规模化生产，并且将其用于建筑装饰，从汉代墓葬中出土的大量画像砖可见一斑。到了魏晋时期，砖已经成为一种常见的主要建筑材料，并且由汉代的异形砖发展为通用性最强的条砖形状。

豫西南地区的砖瓦制作有特定的“塑形”工具，制砖的工具是“砖斗”（图3-40、图3-41），制瓦的工具叫“瓦筒”，实际上是砖瓦泥坯塑形的模子。砖斗为木质，最好的砖斗为楸木材质，质地细腻紧实，不开裂，遇水不变形。砖斗一般有两连斗、三连斗、四连斗、五连斗。砖的制作步骤依次为和泥、摔坯、平整、翻斗、平整、晾干、烧制。虽然步骤简单，但在制作时有些技艺要点要注意，如和泥时对泥的软硬程度的把握，太软烧制的砖容易变形，太硬则不够细密，容易在砖斗中塑形不完整而出现缺角少棱的残砖。翻斗时端起砖斗快速地反扣到坯场的平整土地上，过程要求快速果断，不拖泥带水，否则砖斗里的砖坯就容易变形。制砖对土质的要求不算太高，基本上田地里的杂质相对较少的黄土都

图3-40　砖斗

图3-41　四连砖斗测量

可以作为其材料。但制瓦对土质的要求高，需要选择杂质少、黏性高的土。这样的土制作出的泥坯可塑性强。其制作步骤依次是和泥、制坯、晾干、烧制。和泥前将较少杂质的泥土浸泡三天，然后通过匠人不断踩踏，将泥踩成略带弹性、可塑性强的筋道状态。和完泥后将泥坯切成泥块堆积起来，制坯时用钢丝弓从泥堆上割取厚度约2cm的片状泥片作为瓦坯，然后将片状的瓦坯附于瓦筒（一种上细下粗的桶装专用制瓦工具，楸木材质）上，放到一个简易的手动坯模上进行塑形，经过不断拍打，并用水抹光瓦坯表面，让瓦坯表面光滑平整。每个瓦筒可以制作四片瓦坯。瓦坯制备好后晾干，然后入窑烧制。砖和瓦的烧制过程类似，一般采用土窑烧制。土窑是一种当地极其简易的砖瓦烧制场地，一般在地下挖1.5～2m深的圆形土坑，地上部分则用砖砌成圆形穹顶状，顶上开口作为烟道，坑内将砖瓦坯保留间隙排列好，便于烧制透彻，烧制完成后还要进行往砖瓦上“洇窑”工序，类似铁器制作中的“淬火”工艺，可以提升砖瓦的强度。“洇窑”后等温度冷却就可以出窑供建筑物使用了。

此外，豫西南地区传统村落中旧砖、瓦的循环利用也很常见，在一些民居墙体上，经常可以看到明清时期甚至更早时期烧造的体量稍大的“大青砖”，这些砖多数为当地旧房中砖的重复利用，也有的是来自老城墙的砖，少数墙体还用到了汉砖，这些汉砖往往来自于古墓中，带有花纹，装饰精美，如宛城区瓦店镇界中村郑东阁民宅倒座房后檐墙上的汉砖，社旗县朱集镇大楼房村明代古宅厢房上的汉砖等。

4. 造景工艺

豫西南传统村落建筑组群的院落中常植种佳木，且绿植种类丰富，形态各异，多为当地乔木，如樟树、石榴、核桃、柿子、广玉兰、木瓜、栎树、香椿、桂花、桃树等。在植栽的位置选择上大有讲究，“前不栽桑，后不插柳，院子里不栽鬼拍手（小叶杨树）”，选择好的植物也较少在庭院正中栽植，忌讳在庭院中单植一棵乔木。这跟中国汉字“困”有一定联系，汉字是象形文字，庭院的围墙房屋与植单乔木同“困”字在形上是极其相似的，居者往往忌讳这些消极意义的字与居住环境产生联系，故往往栽植多棵或不植。此外加入人工作为的修剪，不宜过大过茂，不能违“自然之时”，并且始终将之作为建筑组群之“附属物”。这些植物栽植或造景的民俗产生的原因有三：

其一，未经修剪之树木在造型上未必为“美”，符合居者审美的人工修饰有利于和谐居住环境的营造和居其中的心理满足。

其二，过大过茂易喧宾夺主，植被应为建筑之辅助陪衬之次要位置，如访者入曰：“此屋美哉”或“此树美哉”便形成了两种不同的审美主体的评价，而主体的评价即意味着重点营造的成败。

其三，树木之繁茂易形成光线遮蔽与虫类寄生，屋中必然潮湿昏暗、虫类骚扰，“民湿寝则腰疾偏死”，这对居者健康必然不利。

因此，庭院的造景必然不是传统村落建筑组群的主体与主题，“与建筑物本身有必然的适应性”。在田野考察过程中发现，方城县文庄村王玉芳民居庭院东南角一棵直径近1m的大树被伐（图3–42），仅有10cm左右高度的树桩遗留地面。当时笔者特意针对此树咨询了房主，但由于房屋几易其主，目前的房主已不能确切说明大树被伐的真正原因，仅说是由于树太大了。如按照上述观点看来，综合物理因素和民风民俗，大树被伐的原因似乎也就不难找寻了。从另一个视角看，这棵大树本可记录人与树、建筑与树、天地与树等的各种故事与关系，“树木给外人留下的首要印象，不是其粗壮的围度与遒劲的姿态，而是这背后，人对于时间流逝、岁月无情的感悟”（《中国建筑美学史》）。现如今大树被伐，房屋失修，从庭院的植物造景上看，多少给这个庭院带来些感伤。

图3–42　文庄村王玉芳民宅庭院中被砍伐的大树

5．营造过程美

古人凡事讲预则立，不预则废。在房屋建造之前就已经开始总体的设计了，“基址初平，间架未立，先筹何处建厅，何方开户，栋需何木，梁用何材，必俟成局了然，始可挥斤运斧”（《闲情偶寄》）。建筑的营造十分复杂，涉及选址、材料、结构、营造流程等，没有工匠及居民对建筑流程与工艺的熟悉和精心设计是很难完成建造任务的。同时建筑的营造流程与工艺也是建筑技术美的一部分，带有豫西南传统村落建筑组群的美学特色。在建筑营造过程中，豫西南传统村落建筑营造活动的民俗也具有一定的地方特色，朴质的劳动民众对生活、对未来的美好愿望，化作建筑活动中固定的营造方式、祭祀、庆祝活动，充满了民俗风情美。

由于豫西南传统村落中现存的建筑主要为砖木结构，纯木结构的建筑已经少见，在此我们主要以砖木结构房屋和典型的山地石质民居作为分析对象，分析其营造过程，大致可以分为如下几个步骤：

第一，选址。先秦时期的《考工记》中就已经有关于选择方位的详细描述：“视以景，为规，识日出之景与日入之景，昼参诸日中之景，夜考之极星，以正朝夕。”盖房前请人勘测房屋选址、方位、布局等方面的环境。其方位选择宜向阳以获得充足的采光，但极少数采用正南正北的方位，一般布局略向东南方或西南方倾斜。

第二，放线。选址结束后正式进入房屋的建造过程，墨子语：“虽至百工从事者，亦皆有法。百工为方以矩，为圆以规，直以绳，衡以水，正以县。无巧工不巧工，皆以此五者为法。巧者能中之，不巧者虽不能中，放依以从事，犹逾已。故百工从事，皆有法所度。”首先进行放线。“水地以县，置槷以县”（《考工记》）。线一般为红线，较为醒目。放线是整个建筑能否精确营造的“准绳”，关系到房屋的整体形态和内部空间组织，因此这个过程耗时虽短，但却是最需要仔细精准的一道营造工序。放线采用木橛定位，每角两根木橛以便放线更精确。

堂屋开间尺寸一般为一丈，梢间一般为九尺，墙后五尺。

第三，找平。豫西南传统村落建筑的营造缺乏现代的测量工具，都采用传统工具。泥瓦匠通常用中间带槽洞的五尺（一种泥瓦匠工具，长为五尺，尺子中带有三个凹洞和一条连接槽，三个洞注水后，根据观察水平面情况可测量是否水平）测量放的线是否平整，并通过调节木橛上的红线与五尺平行达到放线的水平状态。四条线都进行水平调节后，将线在橛上的位置做好标记，便于误触动后及时回位。之后，用石灰将每条线的位置浇印。这样放线过程就结束了。

第四，挖地槽打地基（扎根脚）。在放线完成后，就要动土正式进入盖房的施工程序了。根据放线时石灰的定位挖地槽，根据所选地基的土质情况挖1～2尺深即可，挖好后打地基扎根脚，将素土夯实或用三合土夯实，宋应星《天工开物·燔石》中曾记载三合土的制法："则灰一分入河沙，黄土二分，用糯粳米、羊桃藤汁和匀，轻筑坚固，永不隳坏，名曰三合土。"三合土经过夯实，与土、沙等经过化学反应生成了防水抗压的硅酸钙，增强了地基的稳固性。但豫西南地区传统村落一般的民居建筑的地基大部分为素土夯实，只有少部分经济条件较好的宅院采用三合土夯实地基的做法。地基夯实可以有效地避免地基下陷折损墙体。

第五，屋架及门窗制作。与打地基同时进行，木工开始制梁、檩、椽、门窗等。木材不似土坯与砖等材料，其加工过程多样，从伐木、运输到干燥、去皮、解木，其属性决定了木匠师傅所用工具的丰富性，如尺、斧、锯、锛、刨、凿等。由于豫西南传统村落建筑较少采用木柱承重，为土木混合结构，一般土坯或夯土墙体承重。所以木工往往把大木作的重心放在梁檩的制作上。在制作梁檩时，木匠师傅掌握了一些计算用材长度的口诀，如"丈二进深丈五梁，九尺叉手也不长""丈二入深丈一坡，九尺叉手也不多"，门窗的尺寸按照鲁班尺选取吉数。在叉手、梁、檩等的连接上一般采用榫卯与扒钉相结合的连接与固定形式。椽子一般用细点的木材或者竹子，穷困人家用向日葵秆等代替，其承重性与耐久性相对木竹就相差很多。排架立完后就是架檩条和穿枋连接，如果二层的建筑需要上层板，层板选择结实耐用、密实的木材，将二层的地面搭建起来，经过连接整个排架犹如一体，牢固稳重。钉牢木板以后，各层上下更加紧密连接，上、下、左、右、前、后六面互相连接，就像一只箱子。人踩上去，上下及周边四面互相支撑，当然不会晃动。如宛城区瓦店镇界中村郑东阁民居的二层楼板、社旗县赊店镇丁岩民宅二层楼板、社旗县朱集镇大楼房村张须高民宅的二层楼板等。

第六，砌墙。地基夯实后根据经济情况选择墙体垒砌的材料。主要采用板打墙（夯土墙）、土坯砖、砖垒砌或砖坯结合等形式。在有些山区墙体采用石头垒砌，用大小不一的石块采用干摆的方式将墙体砌筑起来（图3–43）。砖在经济欠发达的农村相对“奢侈”，草房用砖的情况较为少见。根脚砌筑完毕后，放置木工制作的门框。墙体砌至与窗户平齐时放置窗框。待前后檐墙和山墙垒砌完毕后，砌墙阶段结束。瓦房的营造步骤与草房在选址、放线、找平、打地基、门窗制作、立排架等流程上基本相同，主要是墙体的砌筑和屋顶的材质、做法上存在差异。瓦房的墙体通常采用砖垒砌，经济条件差的采用部分砖垒砌与土坯结合，如果从方向上进行分类，可以分为横向（从外到里）结合和纵向（从下到上）结合，横向结合最常见的是“砖包皮”里生外熟式做法，即外砖内坯。纵向上的结合如在根脚以上砌8层以上的砖，防止屋檐滴水侵蚀墙体。当砖垒砌到窗户以下时，工匠开始制作梢子（墀头盘头），梢子是整个房子的门脸，因此尤为重视。梢子的制作一般用砖，经过砍、磨、雕等工序，梢子安装后组成枭混结合的优美形态。

（a）

（b）

图3–43　吴垭村民宅墙体砌筑

（a）吴垭村墙体砌筑场景；（b）吴垭村墙体砌筑石材的垒砌

第七，上梁与架檩。这是建造中最为重要的程序之一，标志着房屋建造即将结束。

第八，做椽杆与钉椽子。旧时草房的椽子为竹竿、高粱秆、向日葵秆等，条件好些的则用木椽子，木椽子直接钉到檩条上，钉椽子时要沿脊檩从上往下钉，上搭在左，下搭在右，中间堂屋两椽子间距一尺，两梢间椽子间距九寸，排列均匀有序。

第九，编房里子与苫草瓦。豫西南传统村落中，草房屋顶的做法有全草、金镶玉和瓦尖非等，现存的都为全草房，全草房顶即屋顶全部苫草，一般用黄背草、虮子草、斑茅、小谷秆或麦秸等。金镶玉则为房顶前后坡中间苫草，两头靠山墙处扣瓦带。苫草技术的好坏决定了居住的品质。为了让房子不漏雨雪，往往要在苫草时经过严格的工序。《方城民俗志》载："上棚安装木料，铺上秫秸织的里子，里子里甩些抓坡泥，先用尖草（煞好的草捆，从中间铡开，一头尖，一头齐）拿檐，过了墙以后苫芒草，两端飞头仍苫尖草，前后坡苫到脊上再迭脊，最后泥脊泥带即成。迭脊很重要，俗说一脊管半坡，即用料相当半坡的数量，是否漏雨亦关系着前后两半坡。"将用苇子、高粱秆（秫秸）、岗柴、荆条等材料编好的箔或笆铺于椽子上，并用麻绳捆扎或用钉子固定，钉钉子时钉上一块旧鞋底，让箔或笆更平整。箔铺好后，做苫背层。箔或笆上先上一层抓坡泥（稔草泥），稔草泥为麻剁碎后与泥混合而成，增强了泥的韧性和强度。泥上好后，前后两坡顶自下而上同时苫草。草一般为麦秸，苫草是要让麦秸一层层均匀排列，当草苫到一定高度时要用专用的工具"拍把"壮坡，让草厚薄一致，更加牢固均匀，不漏雨水。当两坡的草都接近屋脊时，开始叠脊。叠脊时草交叉叠放成山尖的形状，然后两边抹上厚厚的稔草泥，这种脊在社旗县村落地区被称为"老母猪脊"。屋脊叠完后整个草房顶的营造工序就基本完成了。瓦房的房里子做法与草房类似，不同的是瓦房顶用的是瓦。苫瓦是瓦房顶重要的工序，当地工匠苫瓦有口诀："苫瓦匠不用学，一个压俩，俩抬幺"，即每一行瓦需要错缝摆放之意。苫瓦先要在沿屋脊"下瓦头"，之后从屋顶的中间开始苫瓦，一层一层逐渐苫到山墙侧的瓦垄。

第十，室内外装饰。大部分豫西南地区民居装饰都极为简单。通常做法为搪墙，即墙体内外用泥浆抹面。有的用白灰浆粉饰，在山墙上绘制山花图案等。

第十一，乔迁新居。墙体干燥后就可以乔迁新居了（图3-44）。

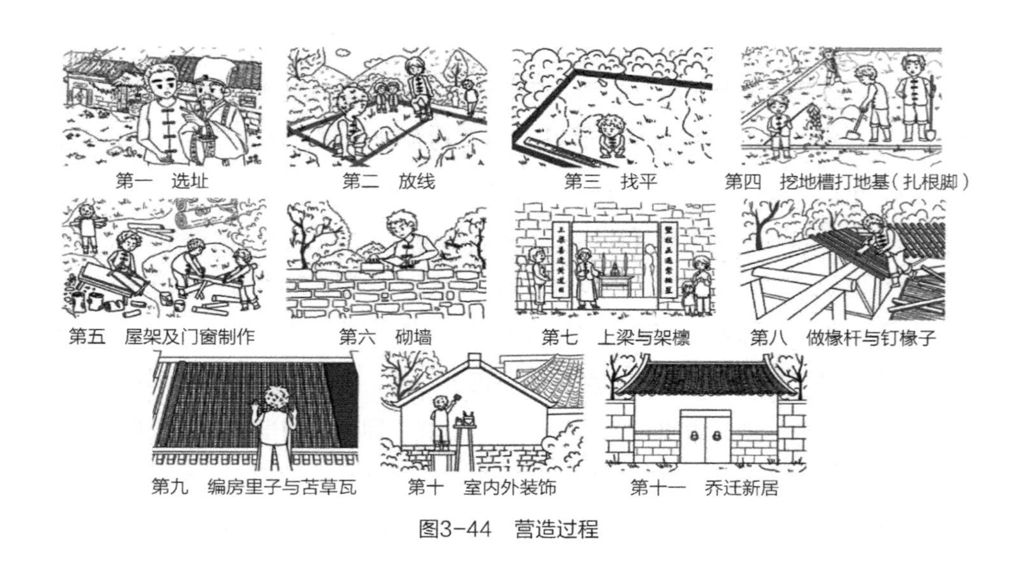

图3-44　营造过程

四、豫西南传统村落建筑的装饰美

装饰是建筑艺术的重要组成部分之一。建筑装饰对于建筑有多方面的功能。第一，建筑装饰可以使建筑构件具有功能性以外的空间流通和审美功能；第二，建筑装饰可以丰富建筑立面和内里空间；第三，建筑装饰可以体现出建筑的功能性格；第四，建筑装饰是中国建筑标志等级的象征和体现地方特色习俗的载体。正如侯幼彬所言，装修自身也取得了实用功能、木作工艺和装饰美化的高度统一。这里所表现的审美意匠是高品位的，既蕴涵着高度的理性创作精神，也交织着适度的浪漫意识。梁思成认为装饰要用得恰当，还是应该从建筑物的功能和结构两方面去考虑。在中国的传统建筑中，从上分、中分、下分等各个部分都有装饰的成分。甚至建筑结构的本身就包含着结构的美感。抓住功能和结构上的关键来略加装饰，关键的装饰点通常在建筑构件的连接处或转折处，如通常进行装饰的屋脊是两坡的转折连接处，博风和拔檐是山墙和屋顶的连接处，墀头是山墙和前檐墙、屋顶的连接处等。装饰的手段也多种多样，有彩绘、雕塑、抹面、裱糊等。

如果将豫西南传统村落建筑装饰进行分类，按照装饰的类型可以分为结构及构造类装饰、雕刻类装饰、绘画类装饰、张贴悬挂类装饰等。按照装饰的位置可以分为屋顶装饰、墙体装饰、门窗装饰、地面装饰等类型。下面根据这两种分类分别对其装饰美进行讨论。

1. 豫西南传统村落建筑组群不同类型装饰之美

中国传统建筑装饰在官式建筑及民居建筑中应用都很广泛。豫西南传统村落建筑装饰是在基本的功能需求基础上，通过带有吉祥寓意或神性色彩的宗教形象、动植物及神兽形象、吉祥图形图案、文学文字、雕塑雕刻、张贴悬挂等，对建筑及其构件的结构、构造及关键节点等进行艺术化处理，使其更具有美感。

(1) 结构及构造类装饰

梁思成认为，中国传统建筑的材质影响建筑物的结构，而建筑结构是建筑形式变化的根源，也就是影响形式美的重要因素。建筑结构不但具有美感，而且具有显著的地方特色美感。福建西南部龙岩等地传统客家土楼中可以看到建筑的结构美感，广西北部龙胜龙脊的壮寨、瑶寨的传统干阑式建筑可以看到结构美感，陕西西部长武等地的地坑院式窑洞可以看到结构美感。同样是利用土、木、草、石等传统建筑材料，但却通过不同的建筑结构塑造了不同的建筑形式。可见结构是具有装饰性的。可以说结构性装饰是兼具装饰和实用两方面的功能的。在建筑中某些结构性构件是十分重要的，特别是像斗拱这样具有承重、力学传导等功能的构件，在一些大型公共建筑中既能满足大屋檐外挑的力学支撑，又能体现建筑的美感，在漫长的历史中人们已经习惯于这些构件的存在。随着新的建筑技术的发明，即使原来的结构构件已经完全可以被取代，但仍然通过主动的营造或对其形制进行变换将其保存下来并继续用在建筑中。陈望衡说：“中国古建筑的有些建筑形式，最初是实用的，后来实用功能淡去，成为一种礼制，再后来，成为一种装饰。”豫西南传统村落建筑一般出于结构或构造的需要，在满足功能需要的同时会进行一定的装饰，还有一些营造时的工艺做法通常会跟装饰联系在一起。

虽然没有官式建筑或公共建筑的富丽堂皇，但豫西南传统村落建筑是有一定装饰的，从“上盘儿”到“下盘儿”，无论是大门、前后檐墙、山墙等外檐装饰，还是建筑物室内的内檐装饰，都刻意地进行了装饰处理。但是旧时由于经济条件的限制，装饰往往只出现在比较关键的部位，如檐部、屋脊、墀头、山墙、前后檐墙、梁、檩、枋、室内等。檐部的装饰多通过砖的不同摆放角度来实现，比如抽屉檐、菱角檐、鸡嗉檐以及在此基础上的装饰变体形式。屋脊的装饰最为丰富，不同的县市都存在差异，往往通过脊饰与脊兽突出建筑特色。墀头历来是中国传统建筑着重表现与装饰的部位，由于中国传统建筑最适合的观察角度是远观或中距离欣赏，一座建筑往往是走在街上观察。以人的尺度和视线范围，在院墙的遮挡下，不能够看到建筑和庭院的全貌，只能看到墀头以上的部位，因此墀头和屋顶的装饰成为整个建筑组群重点表现的部位。除了视觉上的原因，墀头部位还承担了檐部出挑的承重功能，因此层层垒叠的砖经过一定的雕刻处理就满足了结构与装饰的双重需要。山墙部位表现的是建筑的侧面，往往在博风板头部施以雕刻，而山尖处则主要进行纹样绘制等。前后檐墙的装饰主要通过墙体砌筑时的不同做法或墙体的粉饰作为装饰。还有的在墙上书写吉祥语、悬挂“吉祥物”或“辟邪物”等进行装饰。梁、檩、枋等则多将裸露的端部进行雕刻或者本身的榫卯等工艺做法带有很强的装饰性，有的县市民居还用到民居中少见的斗拱来承托檐檩，还有的建筑在房屋的脊檩上书写建造日期、户主、匠人名号及吉祥语作为记录性装饰。

豫西南传统村落的门窗构造及结构类装饰较为简单，门以板式门居多，有的在门的外侧装有门钉，但极少有在门上做雕刻的情况。窗户以直棂窗最多，少数富户采用套方花格窗，如宛城区瓦店镇界中村郑东阁民宅的厢房窗户。

（2）雕刻类装饰

雕刻类装饰是豫西南传统村落建筑组群中应用最为广泛的一种装饰形式，主要有木雕、砖雕和石雕，以砖雕为主。大部分民宅雕刻手法不够精细，或进行象征性的装饰表现。少数规格较高的富户民宅雕刻精细，图案丰富，雕刻内容丰富多样，有宗教题材、文字题材、植物题材、动物及神兽题材等。这些装饰往往带有很强的寓意，希望通过雕刻的内容“看宅护院、保佑平安”。宗教题材中以屋脊上的“姜太公在此”的砖雕和砖雕脊兽最有特点（图3–45）。在很多民宅正房屋脊上都有类似的砖雕，以方城县袁店乡四里营村民宅最为典型（图3–46）。文字题材主要雕刻到博风头的两端，如方城县文庄村文宗玉民宅博风头之“祯”字、“祥”字。植物题材以正脊及垂脊上的植物纹样脊筒和墀头雕刻的植物纹样最为典型，宛城区瓦店镇界中村郑东阁民宅是墀头部位精美精细装饰的代表；有的在窗户的周围也设有植物纹的砖雕，如方城县柳河乡文庄村王玉芳民宅；有的县市民居门楼上的木质封檐板或斗拱上做植物纹浅浮雕，如内乡县乍曲乡吴垭村民宅门楼木质植物纹浅浮雕封檐板（图3–47）和淅川县仓房镇磨沟村民宅的木质阴刻植物纹斗拱（图3–48）；还有的则对前檐廊的雀替及其周边构件进行植物纹雕刻，如社旗县朱集镇大楼房村张须森民宅。动物及神兽题材体现在屋脊上特色鲜明的砖雕动物或神兽，如龙、凤、老虎、狮子、獬豸、麒麟等。也有的在封大门的木檐板上做神兽看宅护院浅浮雕雕刻植物类纹样或建筑纹样。

图3–45　奎心安民宅姜太公牌位

图3–46　四里营村某民宅砖雕脊兽

图3-47　吴垭村某宅封檐板雕刻

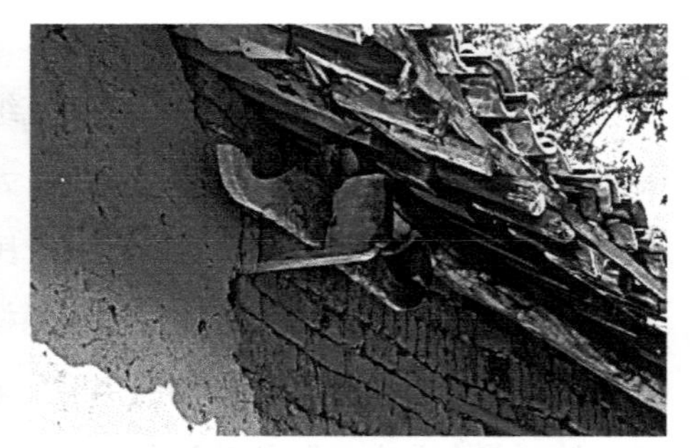

图3-48　磨沟村某宅斗拱雕刻装饰

（3）图案类装饰

豫西南传统村落建筑组群中绘画类装饰很少，多用白灰浆绘制在山墙的山尖、博风、拔檐等处。如宛城区瓦店镇界中村郑东阁民宅山尖的抽象图案装饰、邓州市十林镇习营村某民宅博风砖的动植物纹装饰、镇平县二龙乡老坟沟村某民宅的博风及拔檐装饰等。绘画类装饰的题材及内容为带有吉祥寓意的抽象植物类纹饰，图案往往不易辨识具体的植物品类，带有很强的装饰性，具有二方连续图案的特性，一般沿建筑结构的方向进行相同图案的重复再现排列，如沿檐墙、博风等。也有的绘制在窗户的周围，类似于抽象的人形（一说金蟾）图案，如宛城区瓦店镇界中村郑东阁民宅的山墙窗户（虽经多方求证，仍然没有得出具体图形的真正原型及寓意，因其像人或金蟾，暂称为人形或金蟾图案，图3-49）。还有的在山墙上或檐墙下施以白色折带纹饰，如邓州市十林镇习营村民宅。彩绘较少运用于民宅，多运用在庙宇、道观、祠堂等公共建筑上，如淅川县土地岭村香严寺建筑组群的彩绘。除了公共建筑，近些年来，随着新农村建设及美丽乡村建设步伐加快，在许多村落的墙体上也出现了彩绘。

（4）张贴悬挂类装饰

在豫西南传统村落建筑的外墙上，经常可以看到一些悬挂的生活和生产劳动用的农具，如扁担、竹筐、斗笠、绳子、水瓢等，从中可以体会到浓厚的乡村气息和居民的劳动智慧，这些农具和生活用品已经与建筑融为一体，除了实用功能

(a)

(b)

图3-49　“人形（金蟾）”图案装饰
（a）李靖庄某宅山墙图案；（b）界中村某宅山墙图案

外，还成为建筑装饰的一部分（图3-50）。在内乡县乍曲乡吴垭村吴登鳌民宅二进院的厢房外墙上就悬挂有很多类似的“装饰”。中国的文字及文学博大精深，文字除了传情达意的功能外，还有类似书法的装饰效果。李允鉌先生在谈到建筑中文字的功能时认为，中国是一个善于用文字、文学来表达意念的国家，建筑物中的“匾额”和“对联”常常就是表达建筑内容的手段，引导建筑的欣赏者进入一个“诗情”的世界。豫西南传统村落建筑的大门上往往张贴有门神，门框上贴有对联。这几乎成为传统民居门上张贴装饰的“标配”。

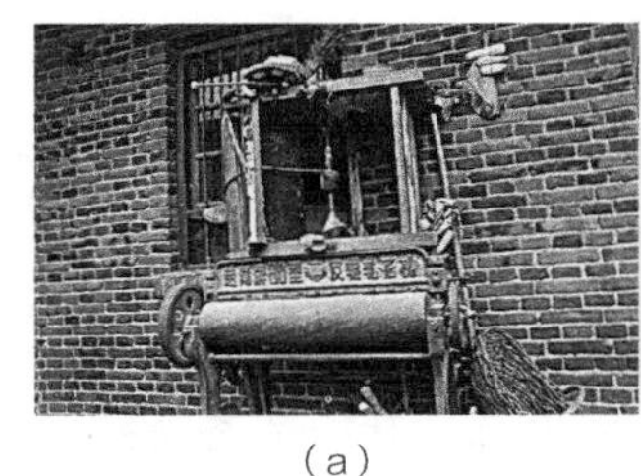
(a)

(b)

(c)

图3-50　豫西南传统村落建筑墙体装饰
（a）文庄村某宅墙边的机械；（b）石窝坑村墙上悬挂的牛套；
（c）吴登鳌民宅内院墙上的农具

2．豫西南传统村落建筑组群不同位置装饰之美

(1) 屋顶装饰

中国传统建筑是适合远观的建筑。在远处观赏，无论是从高海拔俯视，还是同海拔平视，屋顶、屋脊以及檐墙的上半部分总是会暴露在观者的眼前。因此，这些部位自然就成为中国传统建筑装饰的重点。在豫西南传统村落建筑组群中，最常见的装饰位置便是屋脊。下面以方城县传统村落建筑的屋顶装饰为例来分析一下其建筑的屋顶装饰。“屋脊曰甍。甍，蒙也。在上覆，蒙屋也”(《释名》)。根据《释名》的解释，屋脊为甍，甍字从文字形象来看是覆盖于瓦上的中空筒状物，且上有草或装饰物。南阳汉画馆陈列南阳白滩出土汉画像石《门楼》，上刻一高大门楼，门楼正脊两端起翘，门楼左右柱饰青龙、白虎形象，这说明屋脊装饰在汉代盛行。中国传统建筑中将建筑主体分为屋顶、屋身和台基三大部分，这就犹如人身体之头、躯干和下肢，屋顶即建筑之“首”。美人善妆，美居善饰。美人善于在“首”饰以粉底胭脂、金钗银钗、头花发卡、耳钉耳环等，打扮得唇红齿白、妖娆婀娜、样貌可人。民居建筑中的屋顶也恰如美人之“首”在屋脊、房顶等关键部位进行装饰。

1) 脊兽装饰

豫西南传统村落建筑的屋脊两端通常设置脊兽的预制件或通过砖瓦垒砌“脊兽”，脊兽实际是屋顶的一条正脊和两条垂脊相交处固定和防水的构件，通过一定的装饰让其更为美观，也赋予了脊兽一些镇宅辟邪的精神防御功能。脊兽是豫西南传统村落建筑上常见的建筑和装饰构件，如方城县文庄村砖瓦垒砌的龙头脊兽，方城县四里营村的凤凰脊兽、老虎脊兽、狮子脊兽、獬豸脊兽、麒麟脊兽，内乡县吴垭村的蛇脊兽，唐河县前庄村的龙头燕尾脊等。其中蕴含着深厚的文化底蕴和当地特色的居民生活习俗。《方城民俗志》记载：“旧时有功名之家，脊的两端安兽头，脊上安鸽子。百姓安猫头。兽头下支两三个酒盅做支柱”(图3−51)。功名之家安放之“兽头”属于总称，在南阳地区，当地工匠与居民

图3-51　方城县文庄村某宅脊兽

都以“兽”作为屋脊安放动物或神兽的称呼。旧时仅为功名之家所用之“兽头”，在近现代民居得到广泛普及，“兽头”已经成为当地传统民居必备的正脊脊端饰物。

脊兽常装饰于正脊与垂脊。我国传统建筑多注重正脊装饰，在正脊脊兽的营造上通常用鸱尾、鸱吻、龙吻等构件，在民间建筑正脊脊兽上则有更多的衍生类型，如龙、凤、鸡、鱼等。垂脊装饰则有仙人、龙、凤、狮子、天马、海马、狻猊、狎鱼、獬豸 、斗牛、行什等垂兽，其形象怪异，多为现实生活中两种或多种动物形象的结合。豫西南传统村落民居脊兽承袭了中国传统建筑脊兽的类型，但在脊兽之材料、形态、位置等方面运用更为灵活。最常见的是龙形脊兽，还将凤凰、狮子、老虎、獬豸、麒麟、蛇等一些古时用于垂脊的“神兽”用于正脊两端。在脊兽的使用上，单独采用上述脊兽的一种或两种组合使用，通常是龙形脊兽单独用于正脊，但也有龙形脊兽与凤凰、狮子、老虎、獬豸、麒麟等组合用于脊端（表3–2）。神兽形制简单，大部分脊兽多用青砖、瓦片等材料砍磨制作后用灰浆、水泥塑造，凤凰等兽则用铁器做骨后用灰浆、水泥塑造。由于材料、制作工艺、习俗等因素影响，其造型通常被工匠意象化，甚至抽象化表达，通常仅具轮廓形象而缺乏细节表现。造型简约，形态生动各异，多呈蹲伏状，有的形象凶猛彪悍、面目狰狞，有的则智慧机敏、温顺可爱，脊兽多被赋予镇宅护院、传福送祥之“功能”。

豫西南传统村落建筑屋脊脊兽统计表　　表3-2

脊兽类型	所在村落	图片	图例
鳌鱼	界中村、张营村、文庄村、石窝坑村、前庄村		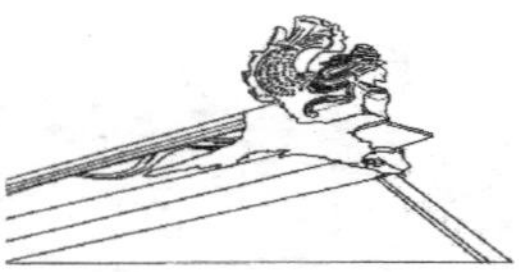
龙头	文庄村、段庄村、四里营村、石窝坑村	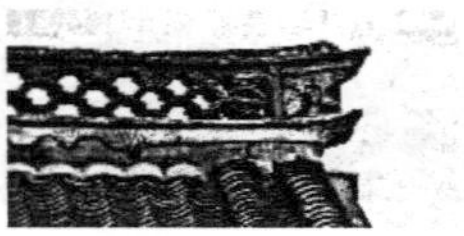	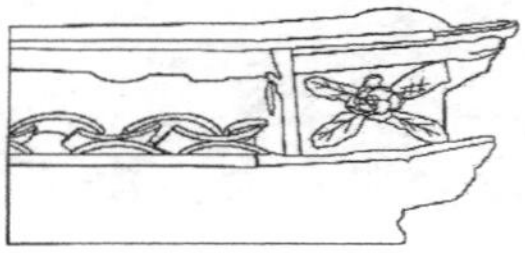
凤凰	文庄村	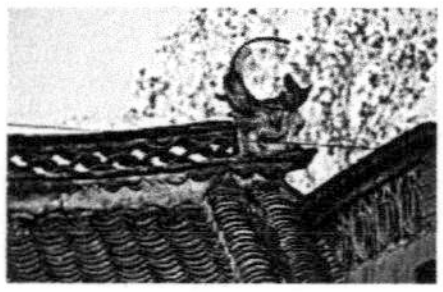	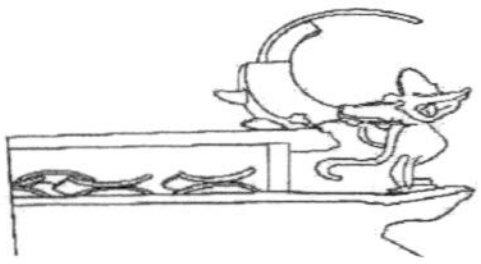
老虎	四里营村		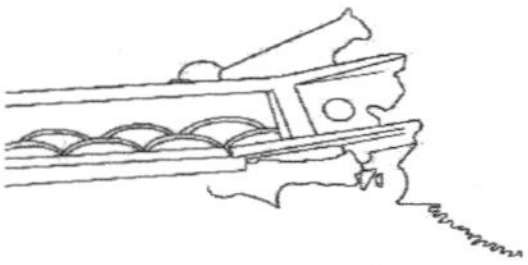
狮子	四里营村		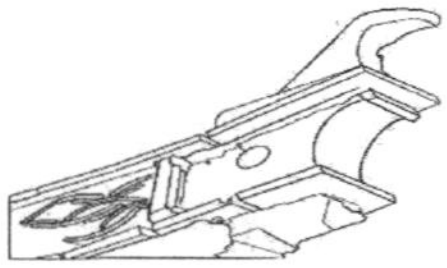
獬豸	四里营村		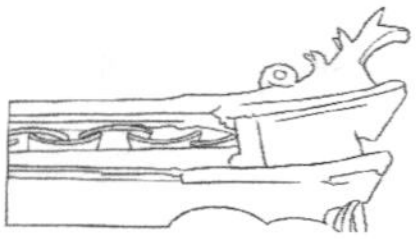
麒麟	四里营村		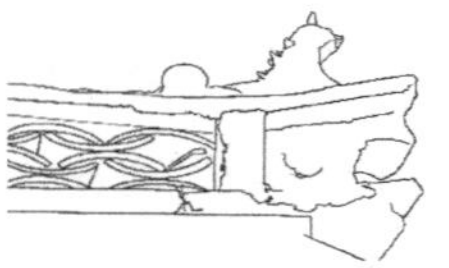

续表

脊兽类型	所在村落	图片	图例
蛇	吴垭村		
龙头燕尾	界中村、前庄村、小北庄村		
鸽子	文庄村、四里营村		

第一，龙。龙形脊兽在方城县域大部分村落中最为常见，在现存的瓦房正脊两端采用相似的造型和营造方法。据方城县袁店乡、柳河镇田野考察所见，当地民居脊兽多呈夔龙纹双头龙样，两脊端为龙首，造型简洁抽象，大口贲张向外，双唇起翘上扬，上牙齿外漏。个别龙首设有龙眼，并在龙眼处置一面圆形镜子，怒目圆睁，极具威慑感。龙首利用砖、瓦、灰浆等材料塑造，结构简单，龙身用板瓦堆叠成花瓦脊，青板瓦层层垒叠，仿若龙身之“龙鳞”，远望去，仿若一双头龙伏于屋脊，环视左右，威慑四方（图3–52）。豫南大别山区光山县的部分村落民居中也有类似的做法，正脊端部砖瓦共用，瓦片反向天空，似龙脚，砖叠涩为龙嘴，屋脊端部似龙头，正脊用立瓦叠砌，瓦似龙鳞，正脊犹似卧龙，手法新颖，给人想象空间，做法简单，效果出众。

第二，凤凰。中国传统建筑屋脊上曾以“铜凤凰”“铁凤”作为重要的装饰构件。凤凰作为建筑装饰在汉代就流行甚广，武帝太初元年时所建凤阙上便立铜凤凰，另据汉代《三辅黄图》载，长安城西双阙上也安有铜凤凰，还可根据时节发出声音，“长安城西有双阙，上有双铜雀，一鸣五谷生，再鸣五谷熟，按铜雀，即铜凤凰也”。张衡《西京赋》云：“凤骞翥于甍标，咸溯风甫欲翔。”凤凰形象多数“举头敷尾以函屋上”。古籍文献中记载的“铜凤凰”“铁凤”多立于屋脊中央，具有指示风向或天气、时节预报、屋脊装饰等作用。豫西南传统村落的凤凰脊兽常设于民居正脊两端，制作工艺为铁做骨，灰浆或水泥塑造，形象简洁抽象，燕颔鸡喙，举头敷尾，鹰瞵鹗视。省却两翼，尾部形态向外翘起，躯干部位有凸起样造型，似足似羽。其远望去，屋立祥瑞，似美人头饰，极具装饰意味（图3–53）。

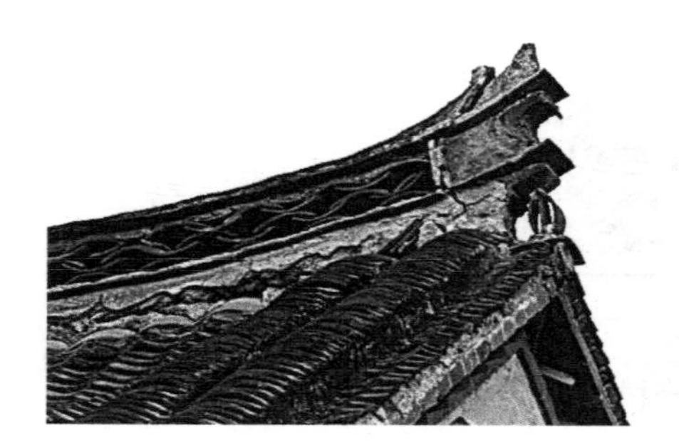

图3–52　方城县文庄村某宅龙脊饰

图3–53　方城县文庄村某宅凤凰脊饰

第三，狮子。豫西南传统村落建筑有诸多造型简约的“狮子”脊兽。这种在中国古建筑中常用于垂脊的神兽被创造性地用于正脊两端，并与龙头脊兽合用。豫西南传统村落建筑中，狮子脊兽造型极致简洁，用青砖做骨，灰浆或水泥塑其外形，尾部卷曲成涡旋状。体态矫健，昂首伏于脊兽龙首上，仿若屋顶之“警卫”环顾左右。其简约的造型也似龙头之角与龙头脊兽共同组成正脊，脊端起翘，令屋顶更具装饰艺术气息（图3–54）。

图3–54　方城县四里营村某宅狮子脊兽

第四，老虎。老虎是豫西南传统村落建筑脊兽常见的形象。中国自古便有对虎的崇拜观念。南阳汉画馆中藏有东汉时期一画像石《虎食鬼魅、天马》，图中左边为一只猛虎正在撕咬一鬼魅的左腿（图3-55）。商周青铜器上的饕餮之原形可能就是老虎，在汉画像石中常有虎之图形在门上出现，汉墓中墓室门上衔环之铺首也被学者认为是以虎为原型的创作（图3-56）。“画虎之形，著于门阑。”方城地区传统村落民居虎形脊兽为青砖砍磨后用灰浆或水泥塑造，造型直曲结合，躯干线条略平直，尾部线条卷曲，极其简洁，具有蹲伏欲跃的动态特征，昂首蹲坐于龙头脊兽上方（图3-57）。

第五，麒麟。在我国的传统建筑中麒麟常用于屋顶翼角，在垂脊上使用最多，代表威严、善良与好运，被赋予品德高尚、长寿延年、送子多福的美好寓意。在距方城县不远的赊店镇有刻印年画的传统民间艺术，在陈景之先生制作的木版年画《五子登科探花郎》《三元及第状元郎》等作品中，麒麟口吐玉书，体态粗壮，对麒麟形象的绘刻与方城民居屋脊两端的麒麟形象有许多相似之处。方城民居中的麒麟脊兽形制为青砖与灰浆、水泥塑造，线条弯曲流畅，体态健硕，昂首向外，头上有一角，圆润饱满，目视远方，脊背处有凸起装饰（或表现其鳞片），尾部卷曲，蹲伏于龙形脊兽上方（图3-58）。

第六，獬豸。獬豸常常作为脊兽用于建筑，《中国古建筑术语辞典》中解释道：“獬豸是常置于建筑屋顶翼角上，封护两坡瓦垄交汇线的防水构件名……将

图3-55　东汉虎食鬼魅画像石

图3-56　南阳汉代墓门上的铺首和虎图案

图3-57　方城县四里营村某宅老虎脊兽

图3-58　方城县四里营村某宅麒麟脊兽

其用在屋顶檐角上，表示主持正义。”南阳地区出土的汉代画像石中关于獬豸的图像为全国之最，一定程度上反映了民间对獬豸形象与“功用”的普遍认同。现代关于獬豸脊兽的记载在方城志书等文献中记载较少，多为工匠口口相传。但与方城县相邻的南召县在其县志中载：“瓦房房脊主房两端均安‘兽’，有猫头、龙、獬、豸等。”方城传统村落民居脊兽獬豸设于正脊脊端龙头样脊兽之上，与屋顶构成民居之“解冠”，其造型与古籍中对于獬豸的描述十分相似。材质为砖砍削作，后用灰浆或水泥塑形，整体扁平，除尾部为曲线外，线条较为硬朗，有戈戟造型般的穿透感。其形态轻盈细瘦，神气睿智，呈蹲望状，昂首向上，头顶有一角，背有燕尾状两翼，微卷向后，尾部卷曲，与龙头脊兽的威严勇猛形成对比，显得敏捷而机警（图3-59）。

第七，蛇。在中国的传统文化中，蛇被称作“小龙”，是和龙一样具有神性的动物。在神话传说中，伏羲、女娲就是人首蛇身的形象。此外，蛇还是水的象征，在神话中和洪水结合起来。在中国传统建筑中，很少将蛇的形象作为脊兽使用。但在吴垭村民宅正脊的两端用蛇的形象作为脊兽。其材质主要为瓦和灰浆。蛇头的形象夸张，大口贲张，眼睛外凸，毒牙外漏，面目凶狠。蛇身为灰浆屋脊，蛇身上从屋脊中间到脊端两侧，用板瓦逐渐倾斜叠放成蛇身鳞片状（图3-60）。

第八，鸽子。屋脊正脊上安放鸽子是豫西南传统村落建筑组群的常见装饰。鸽子是吉祥的象征，有和平安顺的寓意，象征着家庭、邻里和睦（图3-61）。

图3-59　方城县四里营村某宅獬豸脊兽

图3-60　吴垭村民宅蛇脊兽

图3-61　方城县四里营村某宅屋脊鸽子

2）屋脊装饰

屋脊装饰的类型主要有实脊、花脊和花瓦脊。实脊主要是用砖或沙石、灰浆等营造的屋脊，一般不加装饰，保留建筑材料的自身特点。如张营村的陡板砖实脊、大楼房村的泥鳅脊等。也有的实脊采用实脊与瓦的结合，如吴垭村的屋脊就是在实脊的基础上在其上侧立摆一层逐渐朝脊端倾斜的瓦进行装饰。花脊主要通过脊筒的纹样装饰，如界中村民宅花脊、大楼房村民宅花脊（图3−62）。

花瓦脊是豫西南传统村落建筑中常用的屋脊做法。花瓦脊俗称“玲珑脊”，其特点是采用花瓦“陡板”，即在陡板部分用筒瓦或板瓦摆成各种镂空图案。花瓦脊饰玲珑通透，给人以轻盈感和生动感。同时花瓦脊的形式多，主要通过瓦的

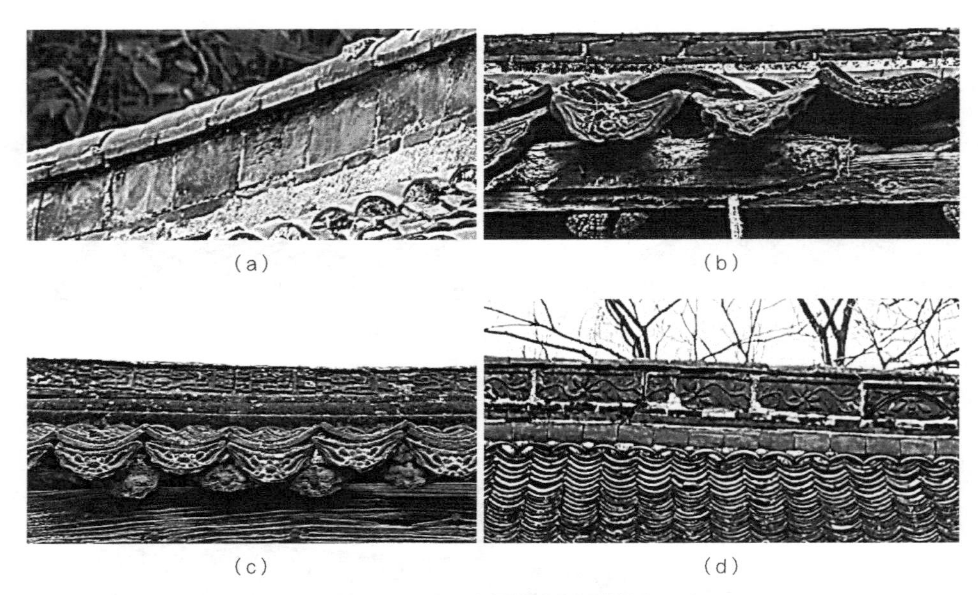

图3-62　豫西南传统村落屋脊装饰

（a）张营村陡板砖实脊；（b）大楼房村泥鳅脊；
（c）界中村民宅雕花实脊；（d）大楼房村民宅雕花实脊

层数变化和瓦的不同叠放方式来表现不同的装饰效果。瓦一般不超过6层，主要有竹节式、兀字面式和套砂锅套式三种。瓦所摆放的不同图案表达不同的内涵，如竹节式表达高尚气节，兀字面像鱼鳞表达年年有余或平安吉祥，套砂锅套式表达钱物丰足。方城、南召等地的脊饰中，花瓦脊组成的鳞片式花瓦屋脊像龙身与鳞片，与龙头脊兽共同构成了抽象的双头龙的形象，威严、庄重（表3–3）。

豫西南传统村落建筑花瓦脊类型　　**表3–3**

花瓦脊类型	所在村落	图片	图例
竹节式	文庄村		

续表

花瓦脊类型	所在村落	图片	图例
兀字面式	段庄村	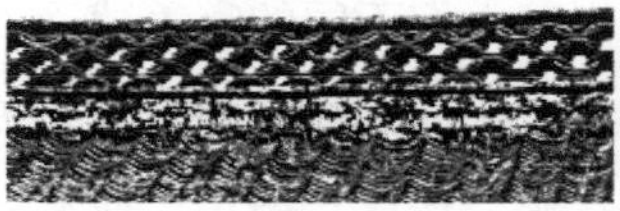	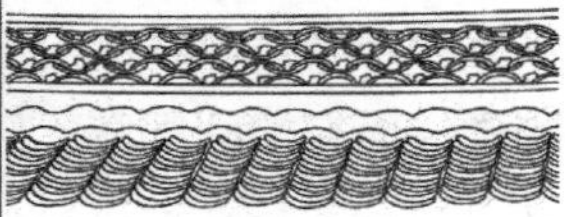
套砂锅套式	文庄村	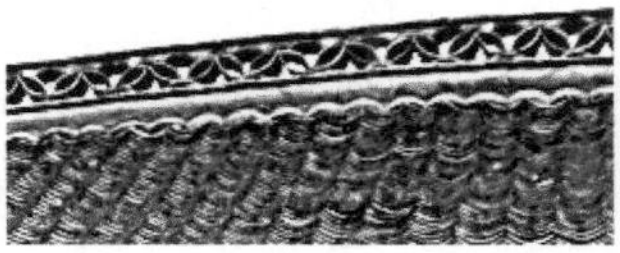	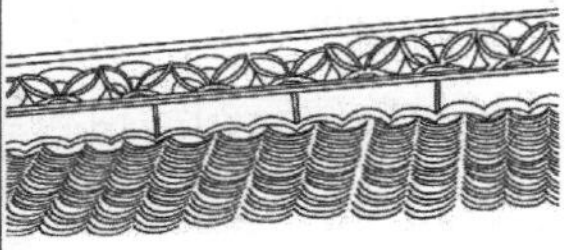

3）屋面装饰

除了个别山区的村落采用石板屋面外，豫西南传统村落现存的建筑多为瓦房，大部分屋顶的屋面主要通过瓦的不同排列形式进行屋面防水和屋面装饰。其中最主要的形式是仰瓦干槎式屋面。屋面设有盖瓦，通过瓦的相互交叠，将瓦垄巧妙地组合到一起，充满着秩序感和节奏感，这种屋面形式让屋顶显得整洁有序。干槎式屋面一般较少生长瓦松等植物，雨水能够顺着瓦垄顺畅流下，防水性好。由于豫西南地区湿润多雨，所以屋面的瓦垄通常生长有绿苔，在灰色的屋面衬托下更显得生机盎然，充满自然的美感。

（2）墙体装饰

墙体主要功能是围护、戒卫、控制视线、分隔空间，此外，墙体还承担了建筑的审美功能。墙体在建筑组群中是面积最大的部分，在视觉上所占的分量也最重。建筑所带给人的庄重、典雅、素朴、自然等感受也大部分来自于墙体。墙体的不同材质的组合与砌筑形式带来的天然材料装饰美感，与经过雕刻、绘制、抹面等人工装饰的美感结合起来，让豫西南传统村落建筑组群的墙体不但具有了自然的朴素美感，同时也表现了当地崇德尚俭的理念、生活方式与营造习俗。因此在传统村落建筑组群中对墙体的装饰尤其注重。

1）原材料装饰

材料表面的自然纹理和材料肌理本身就是一种朴素的装饰。不同的材料肌理具有各异的审美特点，会引起人们不同的审美感受。有的材料肌理粗犷、坚韧、刚硬，而有的则细腻、绵软、轻盈。原生材料有着天然的质感和色彩，这些简单的材料相互辉映形成材料色彩、质感、纹理、线条的组合对比，达到高度的装饰效果。当地特产的石材、木材、土材、草材等材料的原生材料属性决定了豫西南传统村落建筑的结构和营造方法，结构和营造方法又与材质结合形成建筑的外观形态和内部空间特质，同时与周边的环境相结合，塑造了自然生长般的传统村落建筑形象。因此，即便在营造时将功能性和经济性放在首位，但还是能从材料上看出其具有朴质淡雅的自然气息，并且在砌筑方法和表面处理方式上也适当地照顾了视觉上的舒适性。我们先来看一下不同材料的装饰特点。

第一，土坯砖墙体的装饰特点。土坯砖墙由泥土和麦秸、稻草等材料制作。在土坯砖上经常能够看到麦秸等材料做的“筋”，非常具有乡土气息。土坯色彩暖黄，质感干碎，表面粗糙，凹凸不平，边角圆润，由于泥土的松软特性，经过日晒雨淋后有自然的形变，而呈现出不规则的形状。让人感觉房屋即是土地，土地生长房屋。甚至从远处望去，在树木掩映中与土地在视觉上融为一体。在豫西南不同的县市，土坯砖的尺寸大小不一。有的偏长方，有的偏扁方。由于土坯制作工艺的精细与粗糙及砌筑方法的差别，堆砌组合到一起构成的墙体肌理感略有不同。如唐河县桐寨铺乡张营村李凤秀民宅的土坯墙体，坯块较大，也相对方正，砌筑出的墙体就显得整体感强，但土坯之间的缝隙大，有的则结合草筋泥或灰浆进行表面的处理，处理后的墙体表面相对平整，经过自然风化后部分脱落，更增加了墙体的天然雕琢感。脱落后形成的密集土坯与抹平过的墙体显示出各不相同的肌理感和疏密关系，引起视觉上强烈的对比，极具形式美感，如文庄村王玉芳民宅厢房的土坯墙体。土坯有时候还会结合砖材或石材，用于扎根脚，暖黄粗糙的土坯和冷灰规整的砖或石材在视觉上也具有对比的形式美感。

第二，夯土墙体的装饰特点。夯土墙体由泥土和沙石等材料夯筑而成。其主要材料也是土，色彩暖黄。与土坯相比，夯土由于是版筑，外表平整紧实，表面充满沙石和土混合而成的材质肌理效果，大小不一的沙石色彩各异，阳光打在墙上，沙石经过反光，墙上像镶嵌了宝石一般闪耀，给人以朴实材质中的华丽感，如文宗玉民宅夯土墙体的石头多白色的花岗石。夯土墙体比较规则，保留了夯土材质的原生材料质感。整面墙的表面没有经过草筋泥或灰浆抹平，墙体保留着土层经过夯筑的层次感。

第三，石材墙体的装饰特点。在中国传统建筑的营造中，石头的使用往往是不可或缺的。石头的美感包含着极其丰富、极其微妙的中国文化的意蕴。豫西南传统村落建筑所用的石材种类为块石、片石、碎石、卵石，色彩偏红赭色、黄褐色或冷灰色，石材的肌理丰富。块石通常会被加工成规则的方体石块，或者不经加工直接根据石块的不规则形状用于墙体，吴垭村的民宅墙体就属于此种类型。块石经过不同的砌筑方法组合以后形成特殊的石材肌理和色彩，给人稳固永恒的感觉。在以土地岭村为代表的淅川县山区村落，片石主要作为石板用在屋顶和墙体，营造石板房。片石经过粗加工后，多为偏长方的不规则形状，上下垒叠形成了片石组合的特殊层次感，具有重复和渐变的形式美感。墙体密集的片石和屋顶石板的稀疏形态也形成了鲜明的疏密关系对比，同时片石的天然石材肌理也给当地的石头房增加了古朴的美感。碎石的特点是细碎、不规则，带有略微锐利的棱角，在吴垭村的墙体上这种碎石和块石、片石等组成的墙体格外醒目。细细碎碎的墙体给人的感觉坚硬锐利且并不稳固，甚至在视觉上有些松散，但却能在几百年的自然风化下保持原貌。细碎的石块在调节墙体的重力分配和稳固性上起到了至关重要的作用，同时细碎的石块也成为墙体的一种特殊的装饰。

当远观时，我们看到建筑和墙体都是大块的块石组成的，这些细小的碎石块在我们的视觉上几乎“消失了”，当近观时才发现，这些细碎的石块组成了墙体的一部分，所有大石块的接缝处都密密麻麻地塞满了细碎的小石块。如果任意截取墙体的一部分作为一幅画面，都能看到构图上的变化，大石块和小石块的面积对比、材质对比、疏密对比、冷暖对比关系。相比块石、片石和碎石，以段庄村建筑墙体为代表的卵石同样具有很强的装饰性，河水的冲刷让卵石的棱角经过天然打磨，形态变得浑圆饱满，石质细腻，大小不一，极具石材的天然朴素感。形态各异的卵石经过砌筑形成了特有的美感，石材的坚硬感消失，取而代之的是卵石的柔美感和温润感。卵石砌筑而成的墙体表面凹凸起伏，充满了卵石曲面所带来的曲线美。

第四，砖墙的装饰特点。砖墙的砌筑主要通过砖的不同摆放角度来取得砌筑样式上的变化。在上文中我们总结过豫西南传统村落砖墙的砌法，总共近30种。不同的砌筑方式让墙体的砖缝各不相同并呈现出不同的纹理变化。为了追求建筑的经济性，砖墙通常还与土坯、夯土、石头等进行结合。经济条件一般的农户，砖在墙体中所占的比例不高，通常用在墀头、槛墙、根脚、门窗框周围等节点。或者建筑的外边用砖，里面用土坯或夯土，俗称“里生外熟”或“砖包土”，经济条件好的则全部用砖（表3–4）。

豫西南传统村落建筑组群原材料装饰 表3–4

原始材料	细分分类	村落	图片	图例
土材料	土坯	张营村		
	夯土	文庄村		
石材料	碎石	吴垭村		

续表

原始材料	细分分类	村落	图片	图例
石材料	块石	石窝坑村		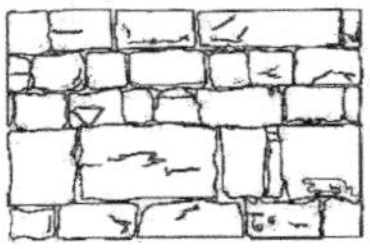
	卵石	段庄村		

2）抹面粉刷装饰

古人以土为穴，土作为主要建筑材料除了应用于筑墙，其与水结合后的可塑性也为墙体装饰提供了可能。石灰用于粉刷墙壁历史悠久，在《周礼考工记》中已有记载，谓之“以蜃灰垩墙”。在汉代建筑遗址遗迹、墓葬建筑中，刷以石灰浆或粉以石灰胶泥已经多见，并且粉饰得极其平整光洁。在墙体上抹面草泥浆和灰浆是豫西南传统村落建筑中最常见的抹面装饰，也是最为经济的墙体美化手段之一。

按装饰位置的不同可以分为室内抹面装饰和室外抹面装饰。室内的抹面主要是让墙体的围护功能更为完善，避免鸟虫等的侵扰。以吴垭村为代表，其建筑的墙体外墙基本保留了石材垒砌的天然肌理，而室内部分则通过泥浆的抹面将石材垒砌时的缝隙全部封闭，黄泥浆抹面称为“金包银”，泥土的感觉相比石材更为温和，给人的感觉也更舒适。泥浆干燥后带有泥土的色彩和肌理，同时干燥后墙面产生的干裂纹也让单调的墙面多了些天然“雕琢”的图案和肌理，在气味上也散发着泥土特有的清新甘醇，体现出自然和材料的美感。经过泥土的抹面，整个墙体的保温性、安全性和舒适度大大提高，同时使室内的整体性更强，空间的边界更为清晰。在室内的墙体上也易于悬挂或张贴一些其他装饰品。室内的抹面装饰也形成了室内室外材质内土外石的材质对比关系，提升了视觉上的活跃性，摆脱了视觉上的单调感。室内墙体的抹面有时还会因为土材的不同而发生龟裂，如桐寨铺张营村李凤秀民宅室内墙体，龟裂的墙体上的纹路表现出泥土材质的朴素自然肌理。

室外的墙体抹面装饰通常有两方面的作用，首先是墙体的保护，土坯、夯土等墙体容易遭受雨水的侵袭，侵蚀过度容易造成建筑承重结构发生改变，墙体抹面草泥浆或灰浆能够有效地保护建筑外墙。其次是装饰功能，能够让墙体的完整性更强。“物不足，以饰之”，同时也将外墙在施工时的缺漏加以修补，土坯垒砌时的缝隙、凹凸，夯土墙的版筑缝、插横杆的洞，石材的不规则缝隙等在墙体的抹面下会显得更为整体和统一。室外的墙体抹面主要用到石灰浆和草泥浆。石灰浆粉刷墙体后颜色洁白，整体统一，让整个建筑更具装饰美感。有局部抹面和整体抹面两种，局部抹面一般用于建筑材料的勾缝、填充或纹饰装饰处理，保留了多种材质的肌理感。整体抹面则主要是泥浆或白灰浆的肌理和色彩。外墙的抹面在自然的风化、日晒雨淋下，显示出斑驳的年代感，外墙的抹面已经不单单是对建筑空间的美化，同时还是时间的记忆（图3–63）。

3）纹样装饰

墙体上的纹样装饰在豫西南传统村落建筑组群中十分常见。纹样一般多见于山墙、檐部、屋脊、当沟、窗户周边等部位，装饰纹样有几何纹、动植物纹、折带纹、回纹、万字纹、波浪纹等，其中尤其以几何纹样为最多，主要的形式为直线、三角形、菱形、圆形、波浪线、不规则形等几何形式组成的规则或不规则的几何纹饰，有的有浮雕或绘制的五角星图案，带有强烈的时代感。纹样装饰一般都为无彩色的黑色或白色，通常是在墙上用白灰浆绘制。几何纹饰主要集中于山墙和前后檐墙等位置。

由于豫西南地区在古时交通和贸易发达，和周边地区交流频繁，建筑装饰受山西等地区影响很大，在一些装饰细部的处理上有相似之处，如豫西南传统村落建筑的山墙装饰与山西等地有相似的装饰方法。北京、山西、安徽等地明清以后

图3-63　豫西南传统村落建筑组群墙面装饰

（a）四里营村墙体抹面；（b）吴垭村墙体抹面；
（c）石窝坑村墙体抹面；（d）文庄村墙体抹面

的传统建筑山墙装饰中，仅以砖、琉璃或者水泥在两侧边沿部位砌（贴、粉刷）出20～30cm的单色线条。几何纹饰简约美观，一方面体现出当地的审美习惯，另一方面，简单几何形式造价相对低廉，也反映出当地的“尚俭”之风。特别是山墙上的装饰线条都十分简约（表3-5），且具有几何纹二方连续图案的典型特点。其中以山尖上的三角形和沿拔檐砖用白灰浆绘制的几何纹装饰最多，大部分村落中都有三角形图案的案例，如宛城区界中村民宅的山墙装饰、习营村民宅山墙及檐墙装饰等。还有的民宅在山墙的拔檐上绘制折带纹、回纹或波浪纹等。

从动植物纹样来看，主要装饰部位为屋脊和山墙等位置。主要通过脊筒的雕刻或在灰浆粉刷后的墙体上或拔檐砖上用黑色的线条绘制，线条通常平滑流畅，一气呵成。题材为带有吉祥寓意的传说或现实中的动物、植物等，如龙、凤、卷草等。形象一般略作夸张，带有很强的主观创造特点，对动植物的形态做一定的变形处理，以适应山墙或檐墙部位较窄的装饰区域。如邓州市习营村某宅山墙博风砖的龙纹装饰，将龙头绘制到博风头处，龙身沿博风砖作曲折蜿蜒装饰纹样，龙尾交于山尖。植物纹样常以浮雕的制作手法运用于屋脊的脊筒或山墙的博风砖上，如郑东阁民宅正脊垂脊的脊筒上的花朵与藤蔓纹样。当沟的图案也有变化，主要以直线和曲线为主，也有三角形和半圆形装饰图案（表3–6）。

豫西南传统村落建筑组群山墙图案　　表3–5

纹饰类型	地点	装饰形态	装饰纹样图片	图例
几何纹	文庄村	三角形		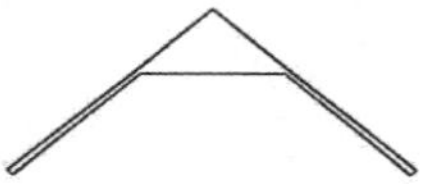
	习营村	六边形		
	前庄村	五角星		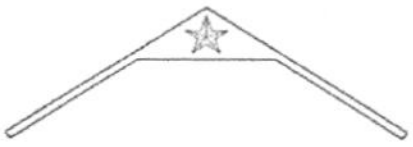
	界中村	五角星		
	前庄村	折带纹		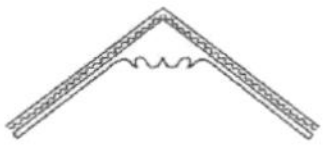

续表

纹饰类型	地点	装饰形态	装饰纹样图片	图例
几何纹	老坟沟村	曲线		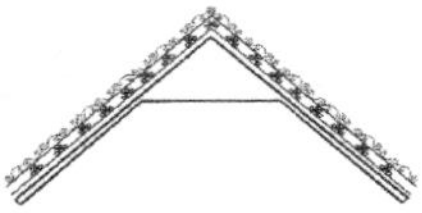
	转角石村	波浪纹		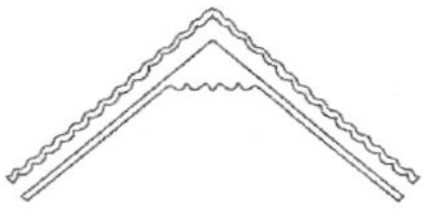
	前庄村	圆形		
动物纹	刁营村	龙纹		
	刁营村	蝠纹		
	刁营村	鸟纹		
植物纹	前庄村	花朵	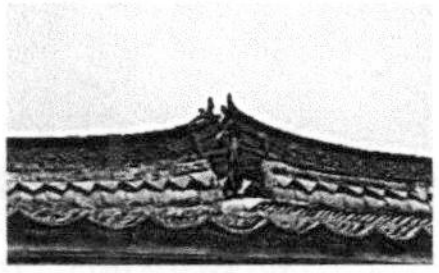	

续表

纹饰类型	地点	装饰形态	装饰纹样图片	图例
植物纹	界中村	叶子		
文字	习营村	文字		

当沟图案 表3-6

图案类型	村落	图片	图例
曲线与直线	文庄村		
曲线	文庄村		
三角形	界中村		
	前庄村		
半圆	前庄村		

4）墙体结构性装饰

墀头是豫西南传统村落建筑墙体上最重要的装饰构件之一。特别是墀头的梢子部分，最常见的是三段式，如果我们把梢子分为下部枭混砖、中部台阁砖雕、上部象鼻子三个部分，通过砖的层数变化和每部分所占比重的变化可以看出其装饰特点（表3−7）。

豫西南传统村落建筑墀头梢子层数及形态　　表3−7

宅院名称	梢子上部（象鼻层）	梢子中部（砖雕层）	梢子下部（枭混层）	图例
界中村郑东阁民宅	7层	10层（三段台阁式砖雕）	3层（枭砖+混砖+荷叶墩）	
方城县文庄村王玉芳民宅	6层	1层（枭砖）	2层（混砖+荷叶墩）	
方城县四里营村某宅	6层	3层（砖雕）	4层（枭砖+混砖+荷叶墩）	
方城县段庄村某宅	5层	1层（枭砖）	2层（混砖+荷叶墩）	

续表

宅院名称	梢子上部（象鼻层）	梢子中部（砖雕层）	梢子下部（枭混层）	图例
唐河县前庄村某宅	3层	1层（枭砖）	2层（混砖+荷叶墩）	
社旗县大楼房村	6层	5层（兜肚砖雕）	2层（立砖+荷叶墩）	
南召县石窝坑村	4层	1层（枭砖）	1层（荷叶墩）	
镇平县老坟沟村	4层	1层（混砖）	1层（枭砖）	
镇平县老坟沟村	4层	1层（砖雕）	2层（混砖+荷叶墩）+垂花	

续表

宅院名称	梢子上部（象鼻层）	梢子中部（砖雕层）	梢子下部（枭混层）	图例
西峡县木寨村	7层	1层（枭砖）	1层（荷叶墩）	
淅川县磨沟村	6层	1层（混砖）	1层（荷叶墩）	
唐河县张营村	4层	1层（兜肚）	1层（荷叶墩）+垂花	

关于檐口的装饰，豫西南地区在出檐形式上主要有直檐、抽屉檐、菱角檐、鸡嗉檐、冰盘檐以及在此基础上的装饰变体形式。又分为一层檐和两层檐，一般都是直接用砖叠涩砌出。直檐是最为简单的一种出檐形式，造型简洁，不做额外装饰。抽屉檐主要用于前后檐墙，其与直檐相比，多了一层间隔出挑的丁砖，增加了出檐形式上的疏密关系的变化，同时整齐排列的丁砖能与建筑的经纬线平行，具有明显的节奏感与韵律感。抽屉檐整体感强，变化又不失稳重，让出檐更为美观。菱角檐在豫西南传统村落建筑中也十分常见，几乎每个村落都有采用这

种出檐形式的建筑。菱角檐与抽屉檐相比，将出挑的丁砖进行了45°的旋转，让出檐更具视觉上的吸引力。鸡嗉檐较少在豫西南传统村落建筑上出现。鸡嗉檐注重方圆结合，在第二层出檐中进行了半混的处理，整个出檐有方有圆，与墀头的枭混线能够很好地结合，整体性强。冰盘檐也较为少见，这种形式是各种砖檐中最讲究的做法，多用于做法讲究的封后檐墙、平台房、影壁、看面墙、砖门楼及大式院墙等。在刁营村某宅的后檐墙就采用了冰盘檐的形式，并粉刷成黑色。冰盘檐密集的“飞椽”和枭混线是其主要特色，经过冰盘檐的美化，整个檐口显得构造严谨，方圆有度，充满艺术美感。还有一些出檐采用以上几种形式的变体，构造更为灵活，也很具地方特色（表3-8）。

豫西南传统村落建筑出檐类型　　表3-8

出檐形式	所在村落	图片	图例
直檐	界中村		
抽屉檐	石窝坑村、文庄村		
菱角檐	界中村、文庄村、四里营村		
冰盘檐	四里营村、刁营村		
鸡嗉檐	界中村、四里营村		

（3）门窗装饰

李允鉌在研究中国传统古建筑的性格时曾得出结论，中国各类建筑并不是完全依靠房屋本身的布局或者外形来达到性格的表现，而是主要靠各种装修、装饰和摆设而构成本身应有的“格调”，或者说明其内容的精神。门的构造上，房门一般根据建筑的高度确定，室高，上可用横窗一扇，下用低槛承之；室低，仅用门扇两扇。开门数量通常为每座建筑单体设置一个门。门上基本不加装饰，保留木材的肌理。除了个别沿街的倒座房设前后门，忌讳设置前后开门。房门的门扇为木质，大小一致，忌讳大小不一，当地民俗认为大小不一会“左大换妻，右大孤寡”。将门扇的大小构造与居住者的生活和谐甚至是生命联系起来。房门注重防御与安全，少数在门上设置了门闩等防御设施，并在门后设置顶门棍或栓门杠。在门后两侧的墙上设置了门棍洞。门下设置门槛，防御蛇鼠等动物的进入。窗户的形制上，材质一般为木质，少数民居用砖砌小花窗。

在豫西南传统村落建筑组群中，通常都是采用简单结构的直棂窗，除个别富户外门窗形制精美，一般农户宅院内的门窗皆为“衡门漏窗”，形制粗简。这类窗户没有复杂的格心，没有油漆过的色彩，单调而简单的直棂条，棂条的边沿也不加雕饰和打磨。一般由单数根统一规格的棂条等距纵向排列，棂条间互相平行，构成简单而规整，给人以很强烈的建筑构件重复的韵律感。用材少，材料长，可最大限度地表现木材纹理。省人工，支撑力强，也最为质朴。这种直棂窗在豫西南地区各个县市的村落中都十分流行，是在经济条件、实用功能和审美特色方面的最佳权衡。“窗棂以明透为先……故又宜简不宜繁。根数愈少愈佳，少则可坚；眼数愈密最贵，密则纸不易碎。”根据李渔的观点，窗户的通透是第一要义，在通透的基础上要坚固耐用，最好是简单实用，不加雕饰。窗棂一般设为单数，根据窗户的尺寸大小，每个窗户的窗棂条数量取单不取双。大点的窗户用十五根或十三根，小点的窗户用十一或九根，也有小窗户用七根。窗棂数量少采光更好，窗户也相对更为坚固，冬天窗户上裱糊纸等材料抵御风寒时也更为结实耐用。窗户以柳条式和直棂窗最为多见，一般窗户长约三尺，高约二尺六，呈扁方形。窗户尺寸要小于门的尺寸，否则会造成“眼比嘴大”，日后会不顺当。三间房中左右两窗大小也要一致，《苗店镇志》载：“过去民间建房舍，讲究对称一致，忌讳窗户一大一小。俗称‘大眼瞪小眼’，主家庭不和睦。”窗户的数量不多，古人认为“窗不宜多，多为匿风之薮。”窗户多了容易透风，不利于室温的保持。一般每座建筑单体的三间房只有两个窗户，通常在后墙上也忌讳开窗，认为不吉利。山墙上一般不开窗，或者开小窗做通风之用，并在窗户的周围用白灰装饰，饰以“人形（一说金蟾）”装饰图案等。在门窗的形态及装饰上，因经济条件的限制，以实用为主，不太注重装饰，形态大同小异，以简单的结构性装饰为主。其简约的形态与南方地区“凡作窗棂门扇，皆同其宽窄而异其体裁，以便交相更替”的门窗造型的多样性形成鲜明对比（图3–64）。

（a）　　　　（b）

图3–64　豫西南传统村落建筑组群门窗形制

（a）窗户；（b）门

第三节　豫西南传统村落建筑组群的空间美

单纯研究建筑组群的整体只能感受其宏观上的美感和印象，梁思成认为："中国建筑物之完整印象，必须与其院落合观之。"一个较为完整的院落是建筑组群的空间集合，包括建筑单体、建筑群以及建筑所围合起来的庭院，院落是豫西南传统村落建筑组群的一个组成单元。院落为居者提供了吃、喝、住、用等物质条件，并提供给良好的光照、通风、遮阳、排水、饲养、休憩、娱乐等功能，是传统村落中最实用也是最常见的组成单元。正是一个个院落构成了传统村落建筑组群的整体。如果要了解更为深入而具体的美，需要深入到院落中了解其空间形态与特征。

一、建筑组群的形态

传统村落中以民居建筑最多，一个独立的院落就是一个独立的小型建筑组群。豫西南传统村落民居院落的布局上，一般有正房、一正房一厢房、一正房二厢房等多种。如果按照院落内建筑物的形态分类，有"一字形""L形""三合院""四合院""多进院""异形院"等平面布局形式（图3-65）。特别以一正房二厢房的"三合头院"与一正房二厢房一倒座房的"四合头院"最为典型。合院布局有其天然优越性，能较好地满足居住需求和体验。

豫西南地区的不少县市地方志中都对院落的形态有过描述。院落的布局形态与旧时当地的经济状况密切相关。从20世纪60、70年代开始，随着居住条件的改善，院落形态也逐渐丰富。《镇平县志》记载的其县域内的农户住房及院落布局情况："1949年前，境内农户住房多为土墙坡顶式草房或土墙瓦房。布局为正堂、偏房构成的半边小院，并有少数贫民住窝棚草舍；少数殷实富户住房多为砖

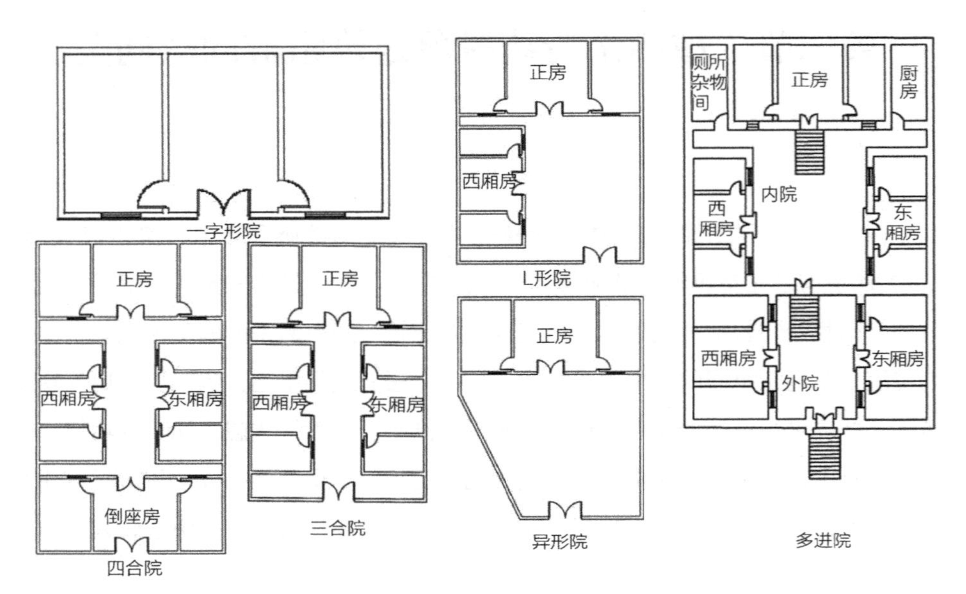

图3-65 豫西南传统村落建筑组群院落形态

木结构坡顶式瓦房，布局为三合院或四合院。”“三合头院”“四合头院”在旧时多为当地的富户居所，《淅川县志》记载：“除少数地主豪绅居住砖木结构的四合院，或‘二进’、‘三进’的深宅大院外，一般农户多是土坯（或夹板夯土）为墙，黄背草（少数土瓦）盖顶的房子。”《新野县志》记载：“1949年前民间住房大多数是坐北朝南，一般为土木瓦房，有些村庄草房居多，狭窄矮小，无院落围墙……唯殷实之户，才住‘三合头’、‘四合头’式的大瓦房或楼房。”《西峡县志》记载：“农村住宅布局，一般为正房三间带耳房，也有明三暗五的正房，两厢房各2至3间，设门楼，修院墙，称‘三合头’院。少数富户是正房5间，左右厢房各3间，中设过厅，成进二或进三的‘四合院’。”《社旗县志》中则记载了少数富户的典型跨院式民宅：“民房为土墙草顶的茅屋，只有少数富户才盖有瓦房，式样是‘一进二’的宅子，主房5间，中间3间相通，两边2间独立，用砖砌墙壁，木梁屋架，瓦盖顶，有功名的家庭还要在屋脊上安装相应的兽头以做象征。主房两边各有3间陪房，也是砖瓦结构，比主房低。主房的对面盖有过厅。在院外陪房的后面各盖一排房，面向3间陪房，每排大约10间为佃户住房，紧接佃户住房拉一道墙，并盖过厅，形成一个二合院。”可见豫西南地区村落中也不乏多进院或跨院，多进院内按家人长幼安排住所，跨院则一般供佃户居住。多进院或跨院属于规模较大的村落民居建筑群，现存的建筑组群中以桐柏县叶家大院最为典型，叶家大院为清嘉庆年间扩建的建筑组群，在院落布局上为中间三进四合院，左右跨院，院落共计11座，有浓厚的桐柏县民居建筑的建筑风格（图3−66）。

图3−66 桐柏县叶家大院

图3−67 文庄村王玉芳民宅

结合相关文献记载与实地调研情况来看，上述院落类型在1949年前是普遍存在的。在现存的建筑中以“三合头”院为最多（图3−67、图3−68）。如方城县柳河镇文庄村王玉芳民宅、南召县云阳镇石窝坑村武运江民宅、臧红仙民宅等都是典型的“三合头”

图3−68 石窝坑村武运江民宅

院。“三合头”院正房与东西厢房组成“品字形”布局，在中国的传统建筑布局中是较为吉祥的布局形式。古代文献中也有记载，《阳宅十书》中认为品字形布局的院落主人“读书做官起家庄。人财大旺添田地，贵子声名达帝乡。”“一字形”“L形”“多进院”形态的院落最多，院落内的正房、厢房、倒座房等建筑呈现非对称式形态布局，与传统对称布局四合院相比更为灵活、自由、随意。

二、建筑组群的空间组织

有之为利，无之为用。“有”的是建筑的实体，“无”的是建筑实体围合而成的空间，户牖是“无”，人可以在“无”中窥视，日光景色也可通过户牖进入室内。室中为“无”，人有了活动的空间，得以居处。有了空间才有了居民的居住和生活场所。任何建筑都是实体美和空间美的结合，也就是“利”和“用”之美。建筑的外观和体量对建筑的外在实体美起主要作用，而建筑物的内部因建筑实体对其进行的分割或限定而形成各自独特的空间，这些空间的形式和组织同样具有空间美感。侯幼彬说：“在不同的建筑形态中，可能出现不同的侧重。强调实体美者，多以建筑的体量美、形象美取胜；强调空间美者，多以建筑的境界美、意境美取胜。”

以豫西南传统村落民居典型的“三合头”院为例，正房、厢房围合而成的庭院空间与建筑物墙体围合而成的内部空间等是院落空间的主要组成形式（图3-69）。空间尺度一般不大，可以说是尺度宜人。室内外空间的体量与居民的身高、体型以及乡村环境的物质生活需求等十分相符，空间的安排基本能够满足农耕时代的空间

图3-69　前庄村三合院

使用需求。除了一些宗教场所外，极少有宏伟、博大、神秘的大型或超大型居住建筑空间。空间的组织与建筑的功能紧密结合起来，会客、休憩、储存、炊事、盥洗、养殖等功能都通过空间有序地联系在一起，相对简单的空间组织使得整个院落空间十分有序。空间安排目的单纯而直接，形式紧凑而饱满，功能丰富而多样。

豫西南传统村落建筑组群所组成的空间、结构和场域是塑造传统村落“空间美”的重要元素。这些元素经过体量与尺度、形状与比例、围合与通透、分割与组合、重复与再现、衔接与过度、序列与节奏的变化，让传统村落建筑组群空间之美体现出多样性，构成一个个典型而多元变化之“家”。

1．内外空间组合关系

院落是豫西南传统村落建筑组群的空间组成单元，单个方体空间通过墙体或其他材料的分割形成尺度大小不一的小空间，用来满足不同的功能需求，这也是豫西南传统村落民居空间的主要形式。豫西南传统村落院落建筑的空间一般可以分为两个部分，即开敞或半开敞的庭院空间和封闭的内部空间。首先是庭院空间。由于正房、厢房围合而成的庭院空间具有多种功能，所以庭院一般是在整个院落中空间最大的部分，可以满足家人游憩、劳作、盥洗、交流等多种功能需求；其次是内部空间。内部空间中房间是建筑内部空间最基本的组成单位，有会客、休憩、炊事、储存等不同空间功能，在一定程度上决定了建筑空间的大小、容量、形状及其空间质。

总体来看，豫西南传统村落院落的内外空间是集中式组合，内部空间包围外部空间，并通过适当的中介空间（门、过厅等）实现空间与空间之间的连接，空间形式对外围合，对内开敞（图3−70）。院落空间以中庭式构成为主要形式，是一种以一个中心庭院大空间为中心，四周环绕墙体围合的小空间的空间组合形式，庭院空间的主体突出，四周环绕的房间紧密围绕，在空间组织上具有一定的向心性和对称性，对于空间秩序感和整体感的塑造有重要的作用，具有紧凑、内聚、亲切的空间特点。这种中国传统民居中最主要的空间组合形式在“三合头院”“四合头院”中应用最多。在这种组合中，通常庭院空间也是整个院落空间序列的“统领”（图3-71），是一个居于中心空间的规则的矩形顶部开敞、四周围合的空间，其尺寸要比建筑物内部空间大得多。正房、厢房的其他功能空间集结在庭院空间的周边，并且尺度及面积大小并非平均分布，以适应各自不同的功能需求。院落空间与室内空间形成主从关系，尺度不一、大小各异的单个空间组织到一起，通过简单的空间连接处理方法形成有一定秩序的空间序列。多进院空间则带有很强的线式组合特征，两个以上的院组合到一起形成空间序列，庭院空间和建筑内部空间通过交通流线串联起来，形成一个线式空间，各空间按传统礼制等因素供家中不同辈分的居民居住。

图3-70 郑东阁民宅四合院

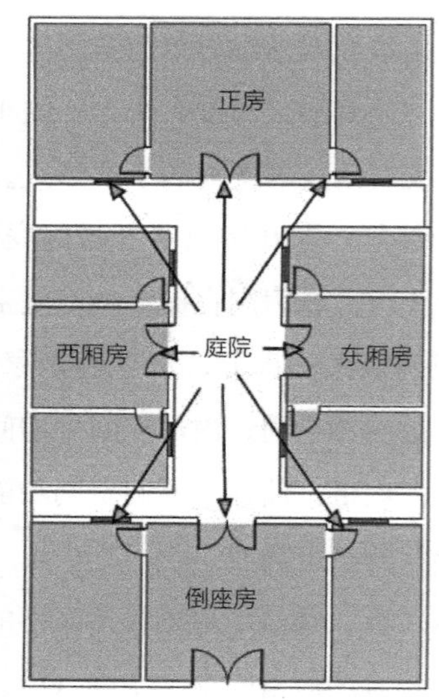

图3-71 庭院对内外空间的“统领”

2. 空间的体量与尺度

尺度指人在空间中生存活动所体验到的生理和心理上对该空间大小的综合感觉。体量与尺度决定着居住在空间中人生活的舒适度，其与人或物的比例关系决定着生活的品质。原始社会时期的豫西南地区，原始人类生活需求低，所以房子往往面积很小，大部分圆形房基的内径不足2m，难以容纳很多家居生活的内容。但就这2m的内径空间，已经足够原始人类的生活需要了。即使现在，豫西南传统村落民居内部空间仍然是较为紧凑的，有的民宅比较低矮，门框高度甚至不足1.5m，需要弯腰进入，内部空间也紧凑狭小。

现在看来，这种尺度似乎不适合现代人的生活起居，但在旧时，生活条件差，居民身高普遍较为低矮，建筑物及空间尺度与居民身体情况相适应，总体是宜人的，符合居民的身体尺度与心理防御、私密性与领域感需求。通常堂屋单间开间一丈，进深一丈二，约合开间3.33m，进深4m，单间面积约为13.32m^2，两侧梢间单间开间九尺，进深一丈二，约合开间3m，进深4m，单间面积约为12m^2，正房前檐墙总长度9.33m左右，总体建筑面积约为37.32m^2。厢房尺度比正房略小，总体建筑面积在20～30m^{2}之间。建筑高度上，根据内乡县乍曲乡吴垭村吴保林民宅测绘，脊檩下沿到地面的垂直距离为3.92m，梁到地面高度为2.08m，建筑的总高度在4.5m以下。梁下做墙体进行空间分割，将正房分成一明间二梢间，共三间。庭院空间长度为6～9m，宽度6～9m，使用面积为36～81m^2。如吴保林民宅庭院长度5.91m，宽7.39m，面积为43.67m^2。一般民居整个院落的总体面积为113.32～178.32m^2。多进院的面积通常是独院面积的2～3倍。窗户外尺寸一般长约三尺，宽约二尺六，约合1m×0.9m。门的尺度宽一般为三尺三，约合1.1m（图3-72）。

3．空间的形状与比例

在豫西南传统村落建筑中，无论室内室外，方形的空间平面是最常见的形式，墙体围合而成的方体空间也最为节省材料和充分利用空间。院落一般作为建筑平面的中心，如界中村郑东阁民宅，正房厢房环绕四周之实，形成可见之“阳”，院子无房虚空，形成不可见之“阴”，阴阳相辅相成形成了阴阳相合、虚实相生的方形空间形态。虽然大部分是方体空间，但内部空间平面的形状和比例却有不同。例如内乡县乍曲乡吴垭村吴保林民宅正房的三间房屋空间平面都呈长方形，内部空间进深尺寸都为4.76m，但开间尺寸就有区别，明间开间2.85m，东梢间开间2.58m，西梢间开间2.71m，明间比例稍大，左右梢间也并不完全对称（图3–73）。

图3–72　吴垭村吴保林民宅尺度

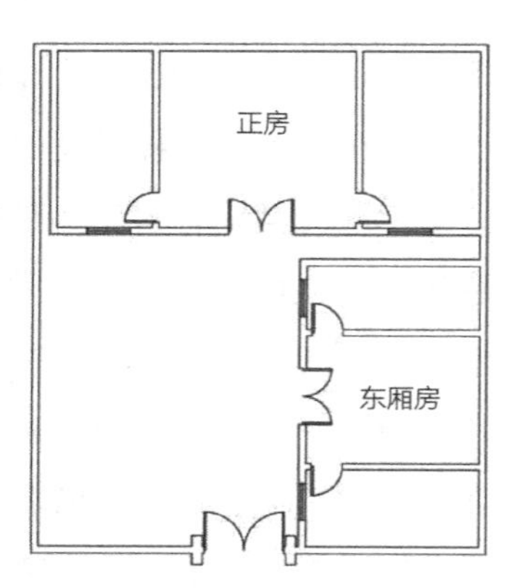

图3–73　吴保林民宅平面

4．空间的边界与围合

从院落的整体来看，豫西南传统村落院落在围与透的关系上有多种处理手法，主要分为三种类型，第一种是实体边界与围合。院落通常以院墙和正房、厢房的后檐墙围合作为边界，保持了庭院视觉上的完整性。如果是多进院，则通过二进院的围墙和二进院院门围合。内乡县乍曲乡吴垭村吴登鳌民宅是这种类型的典型（图3–74）；第二种是半通透的边界与围合。院落不设围墙，用篱笆或栅栏做“墙”；

图3–74　吴登鳌民宅实体边界与围合

第三种是开放的边界与围合。除了建筑物外不设置任何围墙，但建筑物前又有空间进行利用，一般有一块面积不大的空地，宅院面向道路或河流开放。墙体全围合的院落空间边界清晰，是“硬”边界，庭院与外界环境通过围墙一分为二，庭院与外界空间不存在明显的过渡或交融。篱笆或栅栏围合的院落庭院与外界有明确的边界，但是为“软”边界，由于缝隙间的视线流通，外界环境和庭院空间可以进行“交流”和“渗透”，保持了内外空间的适当连通，一定程度上丰富了空间的层次(图3-75)。第三种是完全开敞的院落，仅仅保留了正房前檐墙立面的围合面，庭院与外界环境融为一体，建筑物前的道路或河流成为其“边界”(图3-76)。上述三种类型基本上构成了豫西南传统村落院落边界与围合的三种情况。

图3-75　段庄村某宅半通透边界与围合

图3-76　磨沟村某宅开放的边界与围合

5．空间的限定与分隔

从建筑内部空间来看，多采用竖向的垂直要素进行空间限定，墙体的限定在建筑内部最为常见，有助于对单体建筑的内部空间进行围合与分割，以塑造具有一定私密性的场所。豫西南传统村落内部空间关系的限定与分隔处理一般采用的是三面围合、一面通透的形式，即山墙与后檐墙用实墙围合限定空间，前檐墙开门与窗，将庭院内的景色引入室内，同时又利于空间质的提升（图3-77），既满足了空间私密性的需求，又能与庭院产生向心性的互动，形成空间与空间之间的联系。空间内部通常用实墙夹山或实墙与梁架的结合所形成的两个平行面限定空间大小。以内乡县乍曲乡吴垭村吴保林民宅为例，其正房明间与梢间以梁架和墙体作为分隔，上部空间通透，梁以下为实墙（图3–78）。有的民宅则整个空间不做分隔，明间与梢间连通。保持大空间的完整性，低矮的梁架下不设实墙。如方城县柳河乡文庄村王玉芳民宅正房就采用这种形式。

图3–77　吴垭村吴新明民宅

图3–78　吴垭村吴保林民宅室内

6．空间的衔接与过渡

豫西南传统村落建筑院落在外部庭院空间中没有单独的连廊相接，缺乏直接的连通关系，一般通过走道来连接各功能空间。内部空间采用内部局部连通与外部走道连通相结合的形式。这种空间连接形式有多方面的优势。首先是模糊了空间边界，特别是庭院中，各种功能空间融为一体，可以在院落中劳作、休憩、娱乐等，功能空间共用，这就建立了空间中必要的功能联系，增强了庭院空间在整个院落中的"纽带"作用；其次是保持了一定的空间使用便利性与私密性。正房内部空间通过门洞连通，保证了正房三间房间的连通，正房与厢房间又相对独立，只能通过庭院彼此连通，保证了正房与厢房不同使用者间的私密性。在空间的过渡上，主要依靠大门下的门厅、正房前的廊等灰空间进行内外空间的过渡，庭院承担了大部分的空间过渡功能，人从外界进入首先经过大门下的灰空间，然后进入庭院的四周围合顶部开敞的空间，庭院的空间最大，过渡的距离和时间也最长，并且庭院是进入各个房间的必经之处。通过庭院后再进入前檐墙前的廊，之后通过房门进入室内。

7．空间的序列与节奏

中国建筑特别重视群体的安排，充分利用人在观赏建筑中必须移动的客观事实，有意识地组织序列。以北方一个典型的四合院为例，要先穿胡同，然后进大门，再绕照壁，过前院，再进垂花门，走过抄手游廊，才能进入正房；而正房又有明厅暗房，房中又有前罩后炕。这样一个必须走过的程序，不是可有可无、可长可短的，而是被“强制”完成的。比如吴垭村吴登鳌民宅的二进院建筑组群，人要进入院落首先要登上大门外狭窄的9级台阶，拾阶而上，大门正对的不是进入内院的大门台阶，而是巧妙地将内院的墙体作为影壁，经过大门的门楼进入相对空旷的外院，然后可以进入外院的东西厢房。进入内院同样要拾阶而上，经过11级台阶，到达内院的门楼，内院的高度显著提升，也较外院在空间尺度上大得多，从内院进入正房也要再经过10级台阶才能进入到相对空旷的正房堂屋。从大门到最后进入堂屋，呈现出明显的空间序列，从大门到正房堂屋的狭窄—空旷—狭窄—空旷—狭窄—空旷的空间安排，同时建筑组群依地形高差起伏而呈现强烈的节奏美感（图3–79）。

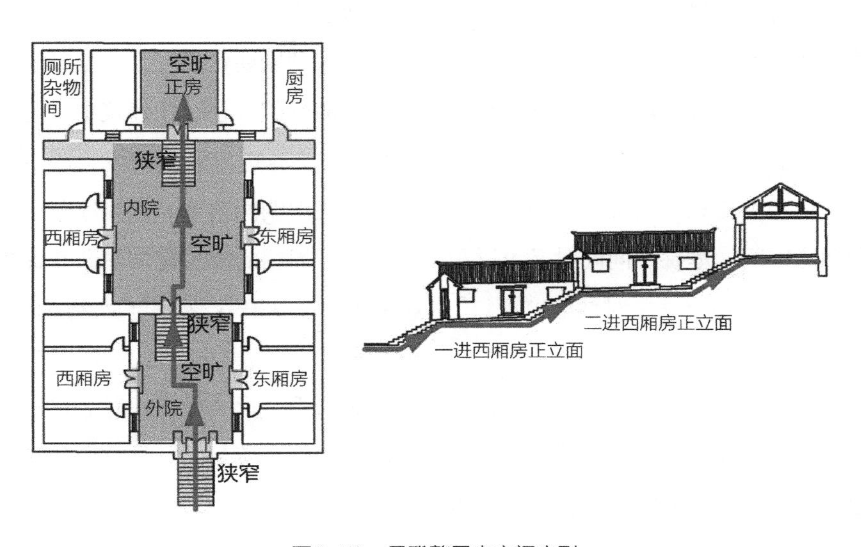

图3–79　吴登鳌民宅空间序列

第四节　豫西南传统村落建筑组群的功能美

一、建筑单体的功能

院落是豫西南传统村落中最典型的小型建筑组群，侯幼彬认为院落这种中心庭院周边环绕建筑组群的布局形式非常适合中国传统的木构架体系建筑，并从空间聚合、气候调节、场所调适、防护戒卫、伦理礼仪、审美怡乐等六个方面总结了其功能方面的优势。豫西南传统村落的院落都可以印证这六个方面的功能。

第一，空间聚合功能。庭院的大空间将建筑的室内空间“统领”起来，将正房、厢房、倒座房等建筑向心地聚合到庭院空间中，并且提供了一个家庭中的公共空间，供全家共同使用。

第二，气候调节功能。庭院无顶面，露天开敞，雨水可以进入，同时周围是建筑物，可以挡风遮阳，并且建筑的围合分布状态在不同的时间，光照与日影的覆盖面还形态各异，对各个建筑空间的温度调节起到重要作用。

第三，场所调适功能。特别是作为“统领”的庭院，在居住建筑中，它起着“露天起居室”的作用，成了家务劳作、晾晒衣物、养殖家禽、副业生产、儿童嬉戏、休憩纳凉和庆典聚会的场所。庭院承载了正房明间这个“正客厅”所不具备的功能空间。庭院空间同时又可以种植绿植，为周围的建筑提供遮蔽和保护，也提供了建筑物与环境对话的“窗口”，风霜雨雪、花开花落都与院落这个空间密不可分。

第四，防护戒卫功能。古时豫西南地区匪患严重，火灾频发，对居民的生命及财产安全构成了不定时的威胁。因此戒卫就成为院落建筑的一种重要功能。院落建筑与院墙组成的实体围合类似于古城的城墙，易守难攻。门窗结实耐用，门窗前后设有多种防御机关。即使匪徒闯入，院落这个空间的过渡也可以为自卫提供充足的准备时间。

第五，伦理礼仪功能。儒家文化“父为子纲”的家庭伦理在庭院式建筑组群体现得淋漓尽致。父母所住的正房与子女所住厢房的位置安排，使得庭院式建筑最能体现出这种封建礼教营造的长幼、尊卑、男女、亲疏等关系。

第六，审美怡乐功能。院落的布局有着独特的意蕴，能够体现出建筑的向心性，体现自然景观的融入和内外空间的交流融合。院落的以上六个功能维持了单个生命和整个族群的繁衍生息，这也是宅院和建筑组群功能美的体现。

二、建筑组群的功能

1．街巷交通功能

如果将豫西南传统村落的院落当作一个个“点”的话，那街巷就是连接各个“点”的线，“点”和“线”组成的“面”，才有了村落的整体面貌。街巷的功能可以说是强大的，不但承载着亲戚乡邻间的感情融通，与外界的交流及物质交换，雨水和生活污水的外排，同时还构成了村落美的“线条”。这些街巷就如同村落的“血管”和“神经”，是维系村落运行的重要物质精神通道。因此，街巷在传统村落中尤其重要。

李渔在《闲情偶寄》中讲：“径莫便于捷，而又莫妙于迂。”街巷平直则生活方便，街巷曲折迂回则有趣味。传统村落中从来不乏便捷与巧妙的街巷案例。传统村落街巷的生成主要依托自然地理环境和人为因素的规划，街巷作为给村落输送“养分”的通道，也影响着村落的延伸和拓展。沿大路而建的平原地区传统院落街巷多平直，将生活的便捷性放到首位，如宛城区瓦店镇界中村、方城县柳河乡段庄村等皆是沿村落主要道路营造。山地村落的院落街巷多迂回巧妙，形态蜿蜒曲折。如内乡县乍曲乡吴垭村（图3–80）、南召县云阳镇石窝坑村。

豫西南传统村落的街巷按照宽窄程度和所起作用可以分为主巷、次巷、支巷三种，并以次巷为主。三种街巷普遍尺度不大，主巷宽度通常为3～6m，建

（a） （b）

（c） （d） （e）

图3-80 吴垭村街巷

（a）入口主巷；（b）主巷；（c）竹林主巷；（d）次巷；（e）支巷

筑的高度通常以前后檐墙计算，为1.8～2.5m，宽度D与周围建筑的高度H比为$1 \leqslant D/H \leqslant 2$，在视觉上宽阔，两侧建筑物之间有远离感。主巷在村落中功能最为全面，是为整个村落服务的“大动脉”，具有大型车辆的通行和运输功能。次巷通常宽度为1.5～2.5m，宽度与周围建筑的高度比为$0.5 \leqslant D/H \leqslant 1$，宽高比较为匀称，空间与视觉上舒适，可容纳两人并行通过，一般服务村落中部分院落组群的交通。支巷通常宽度为1～1.5m，宽度与周围建筑的高度比为$D/H \leqslant 0.5$，较为狭窄，给人以压抑感，只可通行一人，通常只服务于少数某个院落或几个院落。由上述数据可知，豫西南传统村落中以次巷为主的街巷模式总体给人的感觉舒适、美观（图3-81、图3-82）。

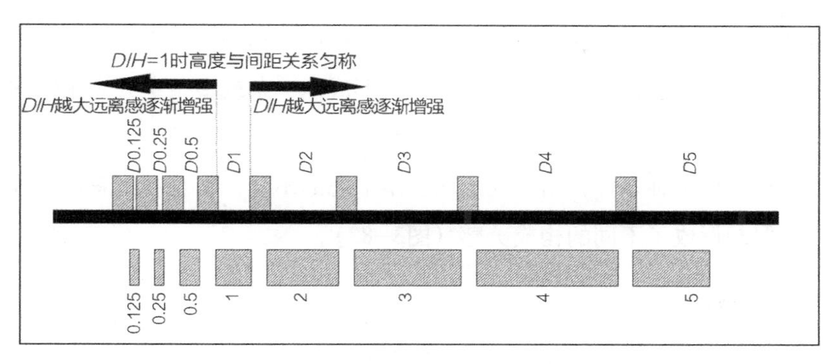

图3-81　街巷与建筑宽高比关系图1

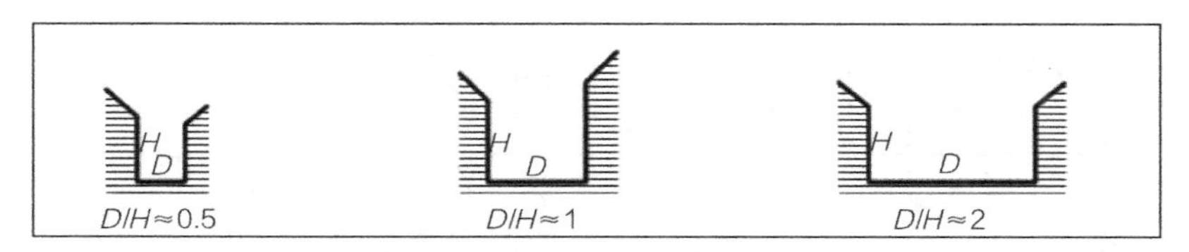

图3-82　街巷与建筑宽高比关系图2

街巷有多种铺设材料，如碎石、青石块、砖、水泥硬化、黄土等。主巷多为水泥硬化，次巷多数都是就地取材或使用盖房的废弃石块、砖块等铺设，支巷多数为黄土压实。街巷形态各异，有曲有直。在以直街巷为主的村落中，街巷一般呈现出经纬线状的纵横轴线分布，具有强烈的网格状几何秩序感和规整性。这种类型的街巷大部分沿东南—西北或西南—东北延伸，有的以东南—西北街巷为主，如邓州市十林镇习营村。有的以西南—东北街巷为主，如社旗县朱集镇大楼房村。还有的传统村落街巷沿正南—正北、正东—正西轴线分布，如方城县袁店乡前四里营村。在以曲街巷为主的村落中，街巷与河流、地形等结合在一起，与河流呈现平行分布，主巷紧邻河流，次巷和支巷沿河流的垂直方向曲折分布，如淅川县仓房镇磨沟村。

豫西南传统村落的街巷一般少有专门的命名，也缺乏专门的街道导视牌。个别村落街巷有命名，主要以标志性的景点、植物、人物等命名，如吴垭村的迪元巷、金桂巷、梧桐巷、黄楝巷等主要街巷都是按照人物和植物来命名。

团块型村落的主、次、支巷互相连通，形成以一条或多条主巷为主的网格形态或叶脉形态。条带型村落的主、次、支巷互相连通，形成条带形态。街巷与街巷的连接形式也多种多样，由于地形和村落形态的不同，很难找到总体的连接构成规律，但却形成了不同的构成美感（图3−83）。

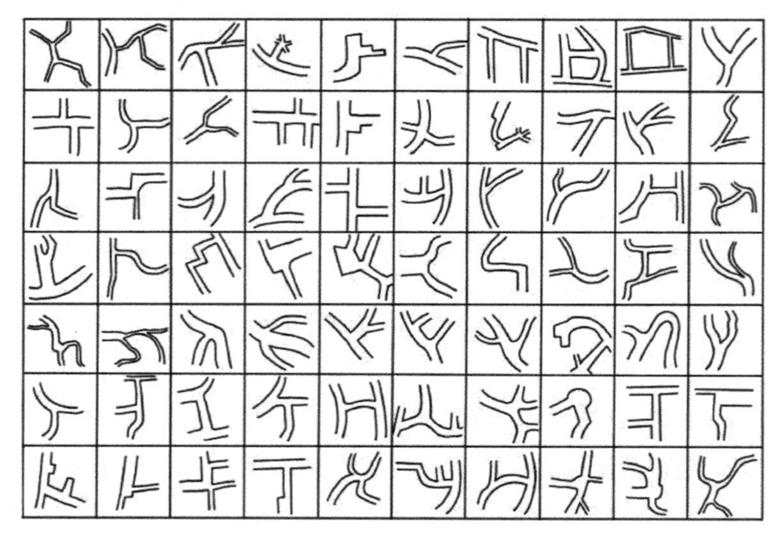

图3−83　豫西南传统村落多变的街巷形态

2．饮食与食物储存等生活功能

俗语讲“民以食为天”，村落及院落空间中的饮食与食物储存设施是传统村落建筑组群中的重要功能设施之一。豫西南传统村落中常见的与饮食及储存相关的设施主要有灶台、水井、池塘、蓄水池、地窖等。

1959年南阳市十里庙村东的商周墓葬考古发现，豫西南地区在商周时期就已经在居所内设置专门的做饭用的灶台和取水用的水井。在这座商代遗址中共发现“商代墓葬7座，圆及椭圆形灰坑10个，灶1个，方形穴居式房基1座，周代灰坑2个，井1个”。在对豫西南传统村落建筑组群进行调研时发现，一般将正房旁的耳房或厢房中的一间专门用于炊事。灶台一般用砖垒砌，外面再用泥和白灰浆抹平。灶台结构分为四个“口”，底部是进风口，再往上是填柴口，灶台上设有锅口，在灶台的一旁设有烟囱口，并通过烟囱将烟排到屋外。灶台的造型以“一字形”和“L形”的为主，“一字形”灶台通常有两个锅口，锅口直径一般在60～80cm，使用6印锅或8印锅，如内乡县乍曲乡吴垭村吴保林民宅的灶台。“L形”灶台的阴角往往设计成圆角，即内侧转折处为圆角处理，便于烟在灶台内部的顺畅流通。“L形”灶台通常有三个锅口，锅口直径一般在60～70cm，使用6印锅或7印锅，如方城县柳河乡文庄村王玉芳民宅。

豫西南传统村落中，对水的获取有近河流取水和凿井取水，虽然村落有很多在选址时就靠近水源或沿河而居，但水井与河水相比有其天然的优势，因此自古以来先民便“穿地取水，以瓶引汲”（图3–84）。首先，井具有自然的水质过滤功能，通过井底渗入的地下水自然过滤掉了大部分的杂质和泥沙，有利于身体健康；其次，用井取水安全。井口尺寸小，有专用的取水设施，相对于在河流中取水，消除了不慎溺水的风险；再次，水井具有位置上的便利性。井的位置可以根据需要设定，可以设置在村头、村中央，最大限度地便利居民生活。现在乡村设施逐步完善，民宅中大部分已经接上自来水，每家独立设置水井的情况逐渐减少，但仍有个别民宅中保留了水井及提水的手压井或辘轳等，并且仍然在使用。如方城县柳河乡文庄村某民宅和唐河县马振抚镇前庄村某宅的手压井。几乎每个村中都保留有一个公共的水井，如唐河县马振抚乡前庄村的河边便有一口古井，供全村使用。池塘和蓄水池在一些

图3–84　前庄村古井

并不靠近河流或湖泊的传统村落中也很常见，其目的是在缺水时能够及时维持村落居民的生产生活。池塘一般位于村落中的低洼处，主要服务于养殖的家畜。而蓄水池则一般位于村落周边的地势较高处，服务于农田灌溉或作为应急水源。

除了炊事和取水，食物及种子等的储存对于居民生活物资储备和农业生产活动也至关重要。地窖是豫西南传统村落中最为普遍的设施。地窖具有储存功能和防卫功能，冬暖夏凉，可以储存红薯、萝卜、粮食等生活物资，如遇战乱或匪患，还可以作为临时藏身之处。地窖一般位于单独的院落中，窖口不大，直径0.5～0.7m，仅容一人通过。内部空间小，有2～3m^2，如方城县柳河镇段庄村的地窖内储存着红薯等食物（图3–85）。

（a）　　（b）

图3–85　段庄村地窖

（a）段庄村地窖1；（b）段庄村地窖2

3．广场与谷场等集会功能

集会或村民活动通常在村落广场、村落中的开阔地或谷场进行。村落广场往往是村落的中心，也是村落中最大的公共空间，是村落中最为普遍的公共集会场所，如内乡县乍曲乡吴垭村广场、唐河县马振抚镇前庄村广场、桐柏县程湾镇石头庄村广场等。广场主要担负着村落交通、物资集散、生产劳作、群众集会及游憩休闲等功能。在交通功能方面，不但联系村落的对外交通，通常还与村落中的主要街巷相连；在物资集散方面，主要是用于村落物资的集中收集与分发；生产劳作方面，主要是在广场中从事农业生产活动或手工艺产品生产活动，如进行打场晒粮、去壳筛选、精细加工等农业生产活动，居民还在闲暇时节进行编织等工艺产品生产，如西峡县丁河镇木寨村居民在村落广场进行香菇的挑选和精细加工生产；集会功能方面，主要进行村落的大型庆典活动、传统节日庆祝、选举投票、戏剧电影演出或播放、健身休闲等，如唐河县马振抚镇前庄村广场。

豫西南传统村落的广场面积较小，一般都以周围院落建筑的围墙或房屋墙体作为围合。一般呈方形，长度为10～30m，宽度为10～15m，面积为100～450m^2。生产劳作是传统村落居民进行的主要农业活动，豫西南地区气候适宜农作物生长，特别是平原地区的传统村落，雨水充沛，土壤肥沃，农作物生长条件好，种类丰富。主要的农作物有小麦、玉米、红薯、大豆、绿豆、水稻、高粱、谷子、豌豆等，还有棉花、花生、芝麻、油菜、烟叶、蔬菜等经济作物种植。种类丰富的农作物使得传统村落的生产活动丰富多样，居民根据生产活动创制了多种多样的生产工具或生产空间等公共设施或空间，这些设施和空间通常也是布置在广场上，如磨盘、石碾等生产设施，有些已经成为游览装置。有的村落广场上设置有一些健身器材，供居民健身使用。这些设施的布置，为居民集会和公共活动的参与度提升提供了更多可能。

广场周围一般都种植有古树，如吴垭村中心广场东部生长有树龄200余年的皂角树，前庄村广场上长有树龄400余年的板栗树，南召县云阳镇石窝坑村入口广场上长有树龄150余年的皂角树。古树作为传统村落中比较重要的组成部分，不只是一种构建交往空间的节点要素，而且还是居民对生活的美好寄托，对于传统村落的格局形成有着一定程度的影响。广场上的树木为居民提供纳凉休憩的场所和食物的供应，丰富了广场周边的景观，围合了广场空间的界面，提升了村落广场的宜居性。

有的村落因地形原因，粮食生产过程不方便，因此会在村外路边与农田交界处开辟专门的空地作为打谷场，解决粮食生产空间的需求。这些平面形状各异、面积大小不一的谷场，在粮食收获后用作粮食加工场地。在农闲时节则变成了村落的公共空间，是豫西南传统村落中典型的多功能空间之一，除了承载生产性活动功能，还可以在谷场上聊天、休闲、娱乐、晾晒被服、临时停车、存放农具等（图3-86）。

（a）　（b）

图3-86　豫西南传统村落广场

（a）前庄村广场；（b）张营村广场

4. 庙宇道观等精神功能

在豫西南传统村落中或村落周边存在一些具有宗教性质和当地民风民俗特色的庙宇（图3-87），多数为佛教寺庙，如淅川县仓房镇磨沟村的香严寺，唐河县桐寨铺乡张营村的佛光寺，唐河县马振抚镇前庄村圆通寺、方城县大乘山三间房村附近的普严寺（大寺）和小寺（遗址）、邓州市杏山村隔堤寺等。还有些村落中的庙宇供奉先贤，如西峡县五里桥镇黄狮村的九柏关帝庙。豫西南传统村落的寺庙大部分都兴建较早，有的在唐代就已经存在，至今已经逾千年，甚至比村落的建立年代都要久远。有个别村落以庙宇的名称命名，如邓州市杏山村隔堤寺村。“深山藏古寺”，通过调研和查看地图可知，庙宇的分布多集中在豫西南山区和丘陵地带，平原地区数量相对较少。有的村子甚至“一村隐五寺，寺寺化沧桑”，如唐河县马振抚镇前庄村方圆3km内曾分布着圆通寺、双峰寺、观音寺、竹林寺、老君庵五寺，是豫西南地区较为少见的寺庙集中地和佛教文化村。

图3-87　豫西南传统村落部分庙宇建筑情况

（a）张营村佛光寺；（b）磨沟村香严寺；（c）前庄村圆通寺；
（d）三间房村普严寺；（e）三间房村小寺；（f）黄狮村九柏关帝庙

5. 劳作养殖等生产功能

豫西南传统村落的生产历来以农业为主，《玉海》中记载，南阳地区“专务耕桑，有东汉遗习”，《裕州志》中记载，方城县“务稼，重礼，人多寿考”，唐代诗人韩愈的作品《过南阳》中描绘了南阳美丽的自然景色和农田景观：“南阳郭门外，桑下麦青青。行子去未已，春鸠鸣不停。”当地温度适宜，农业种植种类丰富，播种频率高，以方城县为例，方城县属于一年三种（春播、夏播、秋播）、二收（夏收、秋收）地区，粮食作物主要有小麦、玉米、红薯、大豆、高粱等，此外还有棉花、油菜、芝麻、烟叶等经济作物。农业生产活动和建筑活动也时常联系到一起，建筑物为农业活动提供了场所，比如在村落广场等地的打场晒粮，在院落内的纺织、晾晒、作物加工，在院落内的蔬菜种植等活动。在建筑物上或其周边，经常能看到晾晒的玉米、芝麻、小麦、谷子等农业作物。建筑物为作物提供了晾晒的场所，而作物也为建筑增加了乡村特色和装饰。秋后收获，建筑周边一片金黄，带有生产活动所带来的喜悦和美感。院落内及周边的蔬菜种植等也为建筑物增加了绿色气息，营造了充满生活气息的舒适氛围（图3–88）。

“豕居之圈曰家”，禽畜养殖为建筑物增加了无限的生机。自古以来，禽畜的养殖就跟建筑结合到一起，认为没有禽畜的家是不完整的。因此“执豕于牢”就成为传统村落建筑的重要功能之一。豫西南家畜家禽饲养历史悠久。农民无论贫富，每家至少养猪一头，鸡六七只。在南阳地区的王寨、樊集、赵寨等地出土的建筑明器仓房、厕所、猪圈等文物中可以看出，出土的陶厕所带猪圈的建筑形式有地区特色，其“平面近方形，在圈外两边，各筑有一座带斜坡的平台，其端头则各建有小屋式厕所一座，厕所位置呈平行对称状，厕所形制完全相同，圈前后围以矮墙，圈内多置猪”（《河南汉墓出土陶圈舍研究》）。可见养殖也是豫西南传统村落建筑自古以来的常用功能，县域内家畜有牛、驴、骡、马、猪、羊、兔、狗，以饲养猪、牛、羊为主；家禽有鸡、鸭、鹅、鸽，以饲养鸡为主。一般在院落中的厕所位置设置猪圈，如仓房镇磨沟村李万华民宅内厕所旁设置的猪圈

（a）　（b）

（c）　（d）

图3-88　豫西南传统村落建筑组群的生产功能

（a）前庄村王国文民宅院内晾晒的芝麻；（b）周庄村宅院外晾晒的芝麻和玉米；
（c）张营村佛光寺前广场劳作的村民；（d）木寨村村民在广场加工香菇

（图3-89），还有的在废弃的院落内搭建简易的牛棚，如方城县文庄村某宅院的牛棚（图3-90）。

图3-89　磨沟村李万华民宅猪圈

图3-90　文庄村某宅牛棚

第五节　豫西南传统村落建筑组群的生态美

中国传统文化中有一种强烈的生态意识。“我国历史悠久的传统民居建筑是最具原生态的人与自然共生融合的物化表现，是不同时期、不同地域的人们自然生态观的反映。传统民居与自然环境的协调以及民居建筑中的诸多处理手法都蕴涵着古代人民充满智慧的生态理念和构建经验。”清华大学周浩明教授与华亦雄博士在研究生态审美的意义与功能时曾阐述：“生态审美的现实意义正在于它是对工业文明催生的人类审美偏好的一次矫正，生态审美在环境设计中的现实功能就是引导人们在生态意识下营造家园。”因此，在当下经济建设与生态建设并行的背景下，对于生活环境的生态美进行分析和研究具有现实意义。党的十九大报告中明确提出：“坚持人与自然和谐共生。建设生态文明是中华民族永续发展的千年大计。必须树立和践行绿水青山就是金山银山的理念，坚持节约资源和保护环境的基本国策，像对待生命一样对待生态环境……坚定走生产发展、生活富裕、生态良好的文明发展道路，建设美丽中国，为人民创造良好生产生活环境，为全球生态安全作出贡献。”党中央从国家发展、民族振兴的宏观层面阐释了生态文明建设的重要性。但在豫西南的社会主义现代化城镇和乡村营造中，因生态经验匮乏导致的对环境生态的破坏现象还一定程度存在。

传统民居营造中蕴藏有许多可持续性的、生态美学方面的有益经验，分析并借鉴其经验和营造方面的方式方法为当下的建设服务，成为一个有意义的研究课题。首先，对豫西南传统村落民居营造过程中选址的生态美、建筑风格的生态美、空间尺度的生态美、材料选用的生态美、废物利用的生态美、节能减耗的生态美等方面生态可持续性及其生态美规律的分析有助于建立豫西南地区传统村落民居生态可持续环境美学理论，对于中国乡村振兴战略和绿色发展战略下的民居环境营造乃至城镇建筑环境营造有着重要的理论参考价值；其次，对豫西南传统民居建筑营造中的节能、采光、通风、抗震、防火、防寒、防潮、给排水、循环利用、精神生态等方面的“好思路、好做法、好经验”的总结，可以应用于豫西南地区的乡村乃至城市建设实践。

谈生态美必然会涉及审美主体的审美观和审美对象，不同生活环境与文化背景下的审美主体，可能在面对相同的审美对象时所体会的生态美是不同的，审美主体与审美对象本不能主客二分，因此在分析豫西南地区传统村落建筑组群这个审美客体的同时，也应对当地建造者、居民的生态文化观、审美观等进行研究。希望能够基于主客体的交融渗透与和谐统一来揭示豫西南地区传统村落建筑组群的生态美。

一、豫西南传统村落建筑的节能减耗

1．选址

古时村落在选址时往往择平原、山间盆地、谷地、河流及道路两侧，优美的自然地理环境、相对便捷的交通条件、丰足的多样性生物和物产促使人们定居于此。浅山区和深山区，山中古驿道两侧、河流周边、地势平坦区等，村落较为密集，且由于交通和经济条件所限，村落及建筑组群保存较为完整。通过卫星图像和实地调研发现，似乎有种无形力量在形成一个约束的框架牵引着村落民居的建设和拓展，体现出其局限性，同时似乎又带有很强的随机性，不规则地“随意”规划与排布。在选址上或依群山而建，或傍水河而居，或沿捷道而栖，或近沃田而寓，呈现出沿山河、道路、田地分布的特点，其中方城文庄村（图3–91、图3–92）、段庄村（图3–93、图3–94）、四里营村、宛城区界中村传统村落的地理位置多位于肥沃的平原、道路或河流，淅川磨沟村、南召石窝坑村的传统村落多位于浅山或深山谷地平坦区域（图3–95、图3–96）。山地村落民居在布局上多为三合院或四合院，房屋朝向多坐北朝南或依地形、道路、河流等依山就势朝向。

图3-91　文庄村村落航拍

图3-92　文庄村王玉芳民宅

图3-93　段庄村村落航拍

图3-94　段庄村某民宅

图3-95　石窝坑村村落航拍

图3-96　石窝坑村武运江民宅

下面根据两个典型村落进行分析。

村落一，宛城区瓦店镇界中村（图3-97、图3-98）。村落整体布局为依白河而建，村落中民居建筑顺道路而建，大部分坐北朝南，部分沿中心主路坐东朝西或坐西朝东而建。界中村地势东北高西南低，利于排水，不易面临水患，且选址

图3-97　瓦店镇界中村村落选址

图3-98　瓦店镇界中村民居建筑选址

所在地为平原，树木成林，土壤肥沃，温度适宜，取水方便，这些便利的条件为村民的长期定居提供了可能，也为建筑材料的供应提供了保障。同时，便利的水运、陆运交通，也为村落经济的发展提供了支撑，使得所在的瓦店镇在清末以前还仍然能够成为古宛郢道重要的交通枢纽。因此，综合各方面的分析，该地是符合生态选址的要求的。就民居建筑单体而言，如郑东阁民宅、李长丽民宅、逵心安民宅的选址，皆靠近村落主路而建，且门面房（倒座房）在整个建筑中的地位较高，足见其选址时对于商业、经济、交通等方面的考量。

村落二，淅川县仓房镇磨沟村（图3-99、图3-100）。该村选址于伏牛山深山区，距离淅川深山千年古寺香严寺仅有2.5km的路程。磨沟村多李氏族群聚居，竖立在磨沟村李万华民宅门前的一块清光绪二十八年（1902年）的碑刻记载了李氏族群迁徙至村子的历史："李氏之居于磨沟地方在前明隆万间，迄今已九世矣。"由碑刻判定磨沟村李氏族群皆由迁徙在此繁衍生息，在明隆万间，甚至在那时之前就已经有其他族群定居于此，迄今已有450多年。村落建筑群整体呈条带状南北向分布，村落东侧有河流道路，西侧背靠山脉，整体与环境融为一体，选址较为理想。就单体建筑来说，以李万华民宅为例，该民宅坐北朝南，位于村落主路西第二排接近村落中心的位置，依照地形、采光、排水、通风等条件而建，利于居住。

由以上二例村落的选址可见，豫西南传统村落及单体民居在建筑选址上发挥了村民和民间设计者的规划能力，充分利用当地气候因素、地形地貌、地域材料

图3-99　仓房镇磨沟村村落选址

图3-100　仓房镇磨沟村民居建筑选址

和交通条件，将生态智慧和审美意匠全面而细致地呈现在民居建筑组群的营造上。

2．取材用材

“中国建筑一向自觉地选择自然材料，建造方式力图尽可能少地破坏自然，材料的使用总是遵循一种反复循环更替的方式。”《淅川县志》中记载当地的村落建筑布局与材料：“农村建房，大多坐北朝南；山坡丘陵，则依山就势，分层建筑。除少数地主豪绅居住砖木结构的四合院，或‘二进’、‘三进’的深宅大院外，一般农户多是土坯（或夹板夯土）为墙，黄笔草（少数土瓦）盖顶的房子。”

由此并结合调研可知，豫西南传统村落民居建筑之用材，多为当地材料或经当地材料加工而成，如石材、砖、瓦、木材、夯土、土坯、草、石灰等，原生的天然材料经过简单的加工与雕饰，便成为民居建筑的良好材料。在材料的获取和制作过程中，就近取土、就近伐木、就近采石等，对资源的消耗、生态的破坏和污染极小，且很好地维持了自然材料的循环更替。就地取材是基本的建造原则，这形成了建筑在材料上丰富的差异性。追求自然不仅体现在工艺结构上，也体现在建筑布局与空间结构对自然地理的适应与调整上。

第一，木材料的选用。处于秦岭余脉伏牛山地区的豫西南，森林覆盖率高，如南召、内乡宝天曼地区，森林覆盖率达97.8%，木材资源丰富。民居建筑所用木材多采伐自这些山林，基本保持与自然的自我更新相一致，能够基本维持树木的生态平衡。木材具有易于采伐、延展性及抗压性强、易于雕琢、比热小、触感舒适等特性，一直是我国传统建筑的主要建筑材料之一，在豫西南传统村落民居中也不例外，房子的梁、柱、枋、檩、椽等几乎都以木材为主要材料。木材的使用过程中，运用传统的手工艺将木材进行砍、削、切、锯、榫、卯、磨等处理，在保留木材基本属性的同时，通过改变木材的形态满足民居建造的基本需求，且制作过程以人力、畜力或其他自然动能为主要能源，对自然环境影响极小。特别是在一些弯曲木材形体的使用上“审曲面势，以饬五材”，木料就曲而用，不求平直。如方城县文庄村文宗玉民宅（图3−101）、王玉芳民宅（图3−102）梁架木材的选用，将弯曲的木材做成类似拱形，这样易于将房顶的纵向压力向水平方向分散并传达到柱子或前后檐墙，增加了房子的抗压程度。在制作上又不做过多雕琢与修饰，节约了加工制作的时间、能耗和经济成本。

图3−101　文庄村文宗玉民宅正房梁架

图3−102　文庄村王玉芳民宅正房梁架

第二，土材料的选用。《周礼·地官·大司徒》载：“以土宜之法，辨十有二土之名物，以相民宅，而知其利害，以阜人民，以蕃鸟兽，以毓草木，以任土事。”意思是依据土地与自然、人相适宜的法则，辨别十二个区域土地的出产物及其名称，以观察人民的居处，从而了解它们的利与害之所在，以使人民繁盛，使鸟兽繁殖，使草木生长，努力成就土地上的生产事业。可见土地和土材料在民宅中的重要性。在淅川县盛湾镇马岭村马岭遗址考古发现中可以看到遗存的新石器时代建筑房基形制为圆形土作，由此可知，土材料在豫西南地区仰韶晚期的民族部落建筑中已经广为使用。且土材料更容易采集与加工，夯土、土坯、烧制砖等工艺也并不复杂，需要的加工材料、设备以及土材料运输、制作等都较为生态，极大地减小了能量消耗及对环境的影响。同时就使用来看，土材料的比热小，热导率低，砌筑厚，对于民居建筑室内温度的保持起到很大的作用，有益于室外环境不利温度的隔离和室内舒适温度的保持，能够为居者提供一个有较为舒适温度的空间环境。由于土材料的这些优点和建筑节能保温等的需求，豫西南地区民居土坯墙的砌筑厚度一般都比较厚，如方城县文庄村王玉芳民宅厚度为“一尺八”，达到60cm的厚度，因此室内温度保持得较好（图3-103）。

（a）

（b）

图3-103　豫西南传统村落建筑组群土材料的选用

（a）文庄村王玉芳民宅厚重墙体；（b）文庄村文宗玉民宅夯土墙

第三，草本草材料的选用。盖草房用的黄背草、芭茅、杆草（小谷杆）、麦茬、麦秸等这些自然的建筑材料为建筑空间的营造提供了更多可能。特别是豫西南地区水边生长的荻和芦苇，谓之“岗柴”，多代替望板或望砖用于屋顶承托苫背层瓦石。“岗柴”易于采集，质量轻巧，有一定的柔韧性，通过人工的编结工艺编制后承托力强，并且直径小，有利于减小屋顶的厚度和减轻屋顶的重量。一些质地更为细小的草本材料如麦秆、狗尾草等则经常用于土坯砖的“加筋”处理，以提高土坯材料的延展性和耐侵蚀性。采集使用中除了人力，几乎不会对环境产生任何负面影响，对杂草的采集甚至有利于农作物的生长。使用草筋在豫西南各个县域的土坯建筑中普遍存在，既经济又相当实用，可谓是免费的生态优质材料（图3-104）。

（a）　（b）　（c）　（d）

图3-104　豫西南传统村落建筑组群草本材料的选用

（a）界中村草材料土坯运用；（b）周庄村张奇瑞民宅岗柴屋顶运用；
（c）石窝坑村未名民宅茅草屋顶；（d）段庄村未名民宅茅草屋顶

第四，沙石材料的使用。沙石材料在豫西南地区的山地、河床等处十分丰富，村落一般依山沿河而建，所以沙石材料并不稀缺。如方城县段庄村的未名民宅，采用附近河滩上水流冲击的大块卵石砌筑围墙。石头砌筑墙体相比土坯有更强的耐久性，但相对泥土，石头的比热大，在堆砌过程中石头与石头之间缝隙不易控制得很小，不利于温度的保持，所以民居建筑一般采用石头与泥土结合的形式，在营造中，往往采用黄泥浆填缝或在室内用较厚的黄泥抹面。这样既能保持房屋的耐久，又能实现室内温度的舒适。如文庄村文宗玉民宅的夯土墙，在夯筑过程中加入了少部分沙石，增强了夯土的抗侵蚀性，这一做法类似于现代建筑中的混凝土（图3-105）。

第五，砖瓦材料的使用。砖瓦材料在西周时期就已经出现并在民居中被大量

（a）（b）（c）（d）

图3-105 豫西南传统村落建筑组群石材料的选用

（a）段庄村未名民宅卵石围墙；（b）石窝坑村臧红仙民宅毛石墙体；
（c）文庄村文宗玉民宅沙石运用1；（d）文庄村文宗玉民宅沙石运用2

采用。砖瓦材料经久耐用，从建筑防水、防潮、隔热保温、美观等方面可以为村民提供较好的居住环境。但是相比上述其他材料经济成本较高。制作过程利用垒砌、干摆、夯筑、砍削等方法，综合多种砌筑样式，视觉层次丰富，但能源消耗量较大，除个别富户民宅房屋为全砖木结构外，多数村民只是在民宅的重点部位使用砖瓦材料，如房顶、墀头、局部檐墙等。对砖瓦普遍但较少地使用除了经济、生态方面的原因外，还因为黜奢崇俭之风是在豫西南地区普遍流行的社会风气，根据清乾隆年间《内乡县志》记载："古礼宫室有制，服食有制，内乡俗称近古衣服率用布素，庐室率尚质朴，而一切纷华靡丽未之前闻。"由此可见豫西南地区清代以来就有"庐室率尚质朴"的传统。对砖瓦材料的较少运用、对于黜奢崇俭的追求是符合生态审美的要求的，对于该地区的生态营造有重要作用。

3．模块化营造

模块化营造在现代建筑中因其节约成本，组装方便，能够显著提高建筑的建造速度，在建筑材料生产减耗、运输减耗、组装减耗等方面具有重要的环境生态意义。南阳传统村落建筑中在材料的制作、空间的形态等方面有许多方法属于模块化营造。如房屋以“间”作为单元，常见的为三间式平面布局，每间的进深相同，梁架的尺寸和制作均能体现出模块化营造。最能体现出模块化营造的莫过于土坯砖的使用。不同县域的土坯砖的尺寸各不相同，如唐河县周庄村的土坯砖尺寸约为245mm × 90mm × 125mm，而淅川县磨沟村的民宅土坯砖则与烧制砖尺寸类似，约为240mm × 120mm × 60mm，方城县四里营村民宅土坯砖尺寸约为400mm × 190mm × 125mm。在具体案例中可以看出土坯砖的模块化制作，土坯砖的制作一般用模子（砖斗），由于制作习惯和制作技术不同，村落的模子大小不一，但在同一村落中往往尺寸一致（图3−106）。此外，在屋顶坡度确定的情

（a）　（b）　（c）　（d）

图3−106　豫西南传统村落建筑组群的土坯使用

（a）周庄村李凤秀民宅土坯砖墙；（b）磨沟村未名民宅土坯砖墙；
（c）四里营村未名民宅土坯砖墙；（d）李靖庄土坯砖墙

况下，椽子的形态也带有模块化营造的特征，如圆形、半圆形、梯形、方形、扇形、楔形及不规则形等，尺寸大致相同，制作简单快捷（图3−107）。

（a） （b） （c） （d） （e） （f）

图3−107　豫西南传统村落建筑组群木椽子的使用

（a）磨沟村未名民宅半圆形椽子；（b）界中村未名民宅不规则形椽子；（c）界中村郑东阁民宅正房楔形椽子；（d）界中村关帝庙楔形椽子；（e）文庄村文宗玉民宅厢房圆形椽子；（f）文庄村王玉芳民宅方形椽子

4．排水与交通

豫西南地处秦岭淮河一线，属于南北分界的过渡区域，根据朱颖心对中国建筑气候的分区，该地区属于Ⅲ区，年降水量能够达到703～1173mm，属于年降水量较多的气候区。南阳市的历史降水中，7月份的月均降水量均处于全年最高水平，平均降水量能够达到约178mm，夏季多雨，冬季少雨。因此村落及民居的排水对于建筑的使用寿命和居民生活质量的提升有重要作用。排水和交通是传统村落环境中的重要网络系统，在南阳传统村落中，除了自然的河道以外，一般没有专门的排水系统，主要通过在院落设置一定的坡度或因势利导来组织村落及民居建筑的排水（图3–108）。街巷承担了村落和建筑的自然排水功能，雨水或

（a）　（b）　（c）　（d）

图3–108　豫西南传统村落交通与排水

（a）磨沟村交通排水二合一的街巷；（b）磨沟村兼具排水功能的巷道；
（c）石窝坑村巷道排水交通双重功能；（d）界中村街巷兼具排水功能

（e）（f）（g）（h）

图3-108　豫西南传统村落交通与排水（续）
（e）石窝坑村河道；（f）石窝坑村河道排水；（g）文庄村街巷排水；（h）文庄村未名民宅的污水排放

生活污水根据地形高差自然形成地面径流排放到河流、池塘或低洼地，地面径流对于村落的自然生态平衡也起到了一定的作用。如淅川县磨沟村和方城县文庄村民宅的排水主要为街巷排水。综合考虑传统村落的人口密度和自然环境的自净化能力，生活污水的排放对环境的影响微乎其微，在环境的承载能力之内。

二、豫西南传统村落建筑组群循环利用与更新改造

1. 循环利用

王澍认为中国建筑一向自觉地选择自然材料，建造方式力图尽可能少地破坏自然，材料的使用总是遵循一种反复循环更替的方式。资源的循环利用和重新利

用是生态学的重要理论，是维护良好生态的重要手段。其对于资源的节约、能源的减耗都有重要价值。豫西南传统村落中注重物尽其用，对木材、石材等循环利用与重复利用。方城县文庄村某宅外用于杂物储存或牲畜喂养的窝棚，使用断裂的钢筋水泥电线杆作为柱子，旧房拆下来的木材做梁、椽和围栏。在方城县文庄村王玉芳民宅的西厢房前还摆放着旧房拆下的木材梁柱，并将重新利用其作为盖新房时的材料使用。有的悬山式屋顶的营造非刻意为之，是因当时条件所限，木材稀缺，旧房拆下的木料长，再次重复利用，故改为悬山式屋顶。这种木材循环利用改变屋顶形态的做法较为常见，郑州大学党君和的硕士论文《豫西南盆地民居区划与营造技术研究》中，对尹金龙师傅的采访也印证了这种做法的普遍性。南召县石窝坑村臧红仙民宅东厢房的门槛也是用旧木改造而成。淅川县磨沟村李万华民宅正房前的抱鼓石（明清时期石刻）也是旧物的重新利用。方城县段庄村的卵石被多次循环使用，运用到檐墙、围墙、树池、厕所等处（图3-109）。

图3-109　豫西南传统村落建筑材料的循环利用

（a）文庄村废旧电杆和木材搭建的牲畜棚；（b）李靖庄某宅重新利用的花纹砖；
（c）磨沟村李万华民宅正房的抱鼓石；（d）段庄村旱厕

2. 更新改造

豫西南传统村落民居注重对原有民居建筑的更新改造，如南召县石窝坑村武运江民宅，经历了三次大的修复与改造，从正房可以明显看出土石的材料肌理和年代感。在修复改造中，基本使用了建筑的原有材料，正房东西两间的前后檐墙及山墙仍旧为土坯，明堂间则更新为石头前檐墙，门框、窗框、墀头等部位使用砖，屋顶经历了草房—棋盘心—瓦房三个改造建设过程。石窝坑村作为国家级传统村落，近些年注重旅游业的发展，在制作游客参与性景观装置时将石碾、石磨、石牲畜槽等老旧农具进行更新改造，制作成参与性景观设施或花池等，进行了旧有资源再使用（图3-110）。

（a）　（b）　（c）　（d）

图3-110　豫西南传统村落更新改造

（a）石窝坑村武运江民宅旧房更新1；（b）石窝坑村武运江民宅旧房更新2；
（c）石窝坑村游客体验小品1；（d）石窝坑村游客体验小品2

（e）　　　　　　　　　　（f）

图3-110　豫西南传统村落更新改造（续）

（e）石窝坑村旧物更新改造的景观墙；（f）石窝坑村旧物更新改造的花池

三、豫西南传统村落建筑组群安全及舒适度提升

1．温湿度控制

室内温湿度的舒适对于提高居民的生活质量有重要作用。豫西南各县市累计年平均气温在14.4～15.7℃之间，总体舒适宜居。但极端高温在39.7～42.6℃，极端低温在-13.3～-20.3℃之间，且气温的年较差较大。全区累计年平均相对湿度为69%～75%，夏季一般在80%左右，冬季70%，春秋为75%，湿度稍大。豫西南传统村落民居控制室内温度的生态性主要体现在材料和营造方法上。例如墙体营造的材料选用土坯、夯土或砖石，在砖的砌筑上主要采用空斗砌法，且砌法有些属于非常规砌法，如无眠空斗、一斗二顺等。与砖的顺丁砌法相比，空斗砌法在节约材料、灰浆和人力上都具有减耗的效果，同时中空的墙体由于墙内形成空气隔层，提高了民居墙体的隔热和保温性能，有利于提高室内温湿度的舒适性。但是，空斗墙在抗震性上稍弱，因豫西南地区多平原，地震少发，匠人和居者较少考虑其抗震性（图3-111）。

2．采光通风

《长物志》中提到居室：“蕴隆则飒然而寒，凛冽则煦然而燠”，意为夏天炎

图3-111　豫西南传统村落空斗墙体

(a)段庄村民宅空斗墙体1;(b)段庄村民宅一斗二顺墙体;
(c)段庄村民宅空斗墙体2;(d)界中村某民宅空斗墙体1;
(e)界中村某民宅空斗墙体2;(f)四里营村某民宅空斗与顺丁砌墙体

热高温时节，让居者感觉清凉，冬天北风凛冽之时，让居者感觉温暖。这与白居易《庐山草堂记》的记载不谋而合："洞北户，来阴风，防徂暑也；敞南甍，纳阳日，虞衬寒也。”大意为打开北向的小门，吹来阵阵的凉风，可以避酷暑；敞开南边的天窗，照入温暖的阳光，可以防寒气。夏凉冬暖一直是传统民居营造中实现宜居的重要标准之一。

在采光方面，豫西南地区是光照较为丰富的地区，全区各县市累计年太阳辐射总量在4463.43～4846.01MJ/m^2，日照百分率为43%～48%。传统村落民居的门及窗作为自然采光通风的主要构件，智慧利用光照及太阳辐射，往往在前檐墙设置窗洞尺寸较大的窗户，以便获得更多的光线射入。如郑东阁民宅圆窗外直径0.82m，内直径0.47m，方城县王玉芳民宅东厢房窗户高0.98m，宽度1.18m（图3−112）。室内近门窗处自然采光中等，远门窗处采光略差。以逵心安民宅的光照度测量为例，其倒座房屋明间近门处自然光照度为55lx，两次间采光稍差，在次间屋顶设小面积方形天窗一处。北厢房近门处照度26.9lx，远门窗处照度差，约为18lx（数据测量当天为阴天伴小雨天气，自然光线不佳，图3−113）。吴垭村吴保林民宅的照度测试（表3−9）也证明在自然采光情况下室内光线稍显昏暗，能够基本满足生活采光需求，推测可能考虑到该地区夏季炎热，减小窗子的面积和太阳热辐射，扩大墙体面积增强保温效果。

（a）　　　　　　（b）

图3−112　豫西南传统村落建筑窗户

（a）界中村郑东阁民宅圆窗；（b）王玉芳民宅东厢房窗户

（a）（b）（c）

图3-113 界中村逵心安民宅采光及照度测量

（a）奎心安民宅屋顶采光；（b）奎心安民宅厢房照度测量；（c）奎心安民宅倒座房照度测量

内乡县乍曲乡吴垭村吴保林二合院民宅正房光照度测量数据　　表3-9

时间	位置	光照度（lx）	门窗是否开启
2020年10月18日09:15	正房明间门口	179.3	是
2020年10月18日09:17	正房明间中间	77.8	是
2020年10月18日09:18	正房明间靠后部	29.0	是
2020年10月18日09:19	正房东梢间	42.0	是
2020年10月18日09:22	正房西梢间	33.0	是

对内乡县乍曲乡吴垭村吴保林二合院民宅的测绘，在2020年10月18日，室外温度18.5℃，在门窗开启的情况下测得正房明间室内温度为16.4℃，东梢间室内温度为16.4℃，西梢间室内温度为15.7℃，东厢房室内温度为17.7℃，最大温差2.8℃，最小温差0.8℃。室内因使用功能的不同，有一定的温度差（表3-10）。

内乡县乍曲乡吴垭村吴保林二合院民宅室内温度测量数据　　表3-10

时间	位置	温度（℃）	门窗是否开启
2020年10月18日09:10	正房明间	16.4	是
2020年10月18日09:12	正房东梢间	16.4	是
2020年10月18日09:13	正房西梢间	15.7	是
2020年10月18日09:16	东厢房	17.7	是

在通风方面，豫西南传统村落大多是合院的布局形式，易形成热岛效应，院内居民活动多，热空气上升，由于气压差，院外的空气进入院内。如宛城区瓦店镇界中村郑东阁民宅、李长丽民宅、逵心安民宅皆属于四合院式布局，方城县柳河镇文庄村王玉芳民宅属于三合院式布局。这种布局形式有助于院落的通风。室内通风上，如逵心安民宅、郑东阁民宅等不设大门，沿街倒座房明间二门相对，有穿堂风，次间与明间上通且其中一次间与明间墙体拆除相通，空气流通佳，室内通风情况良好。正房与厢房后檐墙一般不设门或窗，通过前檐墙单通风或通过山墙小窗形成双通风，注重藏风聚气，通风条件尚可（图3-114）。

3．“六防一抗”（防腐、防潮、防火、防水、防风、防寒、抗震）

民居建筑的防腐、防潮、防火、防水、防风、防寒、抗震等对于提高居民生活品质、保证居民人身安全、降低能耗等方面具有重要意义，也是传统村落民居生态美的重要表现内容。

在木材防腐上，民居梁、柱、檩、椽等多选用杉木、松木、榆木等质地坚硬、不易腐朽虫蛀的木材，有的刷桐油防蛀防腐。如界中村逵心安民宅、郑东阁民宅选用的是杉木，周庄村李凤秀民宅、方城县文庄村文宗玉民宅选用的是松木（图3-115）。在檐椽的防腐处理上，一般出檐较长，有的民居用封檐板将椽子遮挡，或设檐廊，以防风雨侵蚀腐朽（图3-116）。在生活资料防腐上，有民宅修造地窖，窖壁甃以砖石以避潮气，窖内温度相对恒定，冬暖夏凉，利于食物保

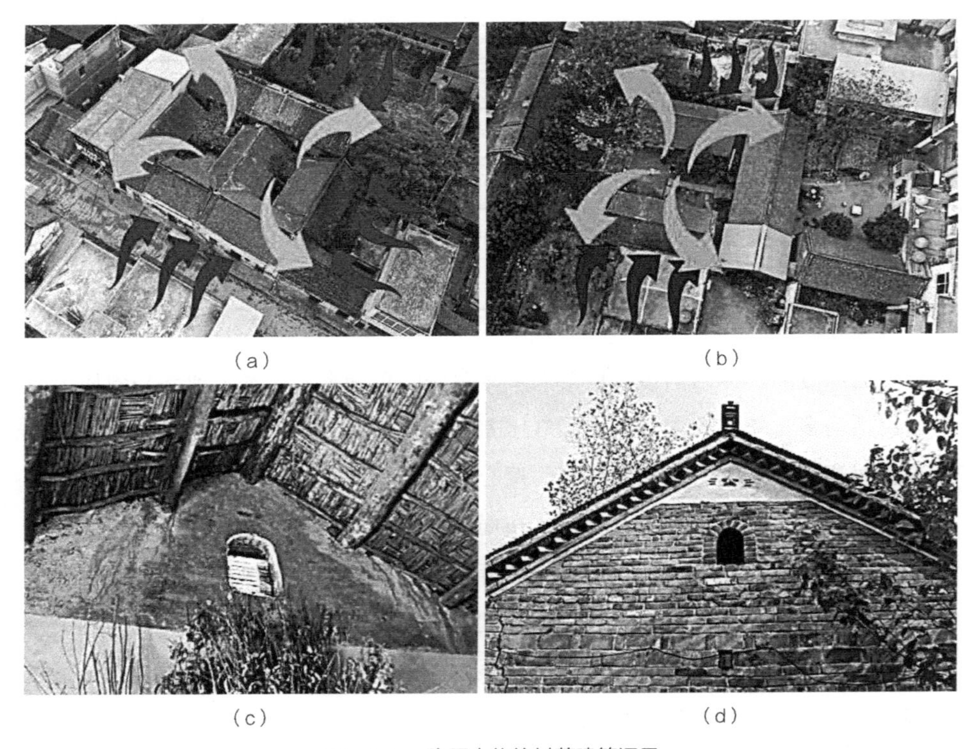

（a）　　　　　　　　　　（b）

（c）　　　　　　　　　　（d）

图3-114　豫西南传统村落建筑通风

（a）界中村郑东阁民宅热岛效应示意图；（b）文庄村王玉芳民宅热岛效应示意图；
（c）文庄村文宗玉民宅正房山墙通风窗；（d）四里营村某民宅正房山墙通风窗

（a）　　　　　　　　　　（b）

图3-115　豫西南传统村落建筑梁架所用木材

（a）界中村逵心安民宅杉木梁架；（b）界中村郑东阁民宅杉木梁架

（c） （d）

图3-115 豫西南传统村落建筑梁架所用木材（续）

（c）周庄村李凤秀民宅松木梁架；（d）文庄村文宗玉民宅松木梁架

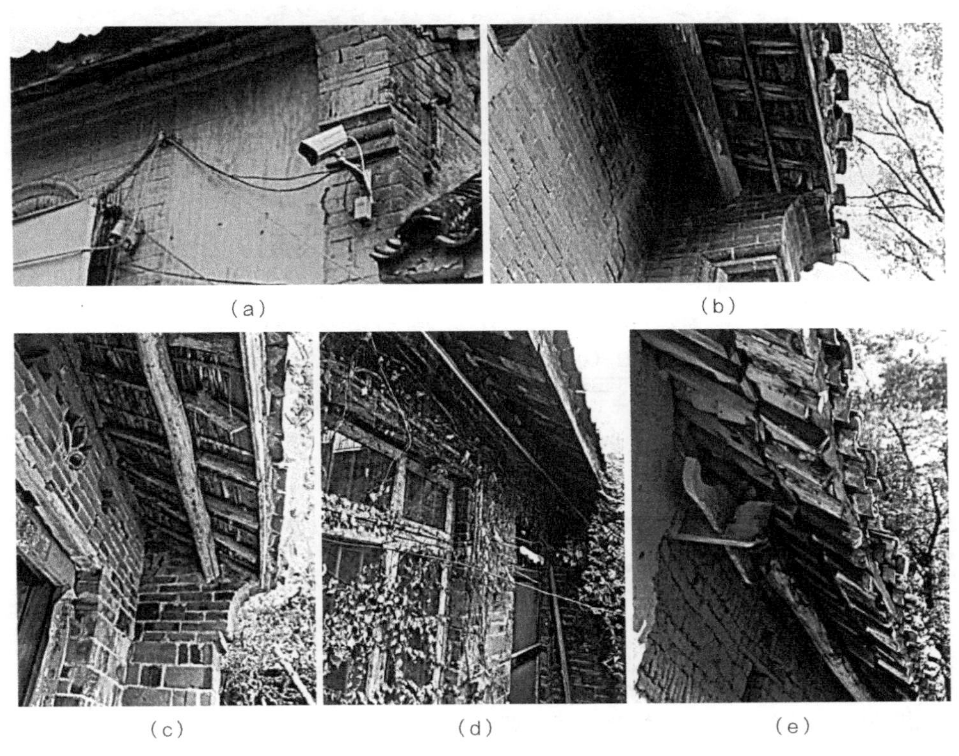

（a） （b） （c） （d） （e）

图3-116 豫西南传统村落建筑木材防腐

（a）界中村郑东阁民居封檐板；（b）界中村郑东阁民居挑檐；（c）界中村孙永生民宅挑檐；（d）界中村某宅挑檐；（e）磨沟村某宅挑檐

（f）　（g）　（h）

（i）　（j）

图3-116　豫西南传统村落建筑木材防腐（续）

（f）木寨村某宅挑檐；（g）文庄村王玉芳民宅挑檐；（h）文庄村某宅檐廊；
（i）文庄村王玉芳民宅梁椽通风；（j）磨沟村某民宅通风口

鲜，居民常将红薯、土豆等农产品放入储存。

防潮对于传统建筑的耐久性、室内储存物的防腐以及居者的身体健康有重要影响。《黄帝内经》有云："秋伤于湿，冬逆而咳，发为痿厥。"室内防潮做不好易致秋冬季肺痨咳喘。为避"润湿""风寒""雪霜雨露"侵扰之苦，传统村落居民依靠特有的营造技艺，构建了饱含地域生态美感的"以待风雨"之宅。在室内防潮处理上，豫西南传统村落民居一般在地面铺设地砖（图3-117），采用"丁"字拼或"人"字拼的形式，可以降低地下潮气上泛。有些民宅则设置较高的台基，也大大减小了地面的潮气对房屋和居者的伤害（图3-118）。

（a）（b）（c）（d）

图3-117　豫西南传统村落建筑组群地铺

（a）界中村郑东阁民宅倒座房地铺防潮；（b）界中村郑东阁民宅正房地铺防潮；（c）石窝坑村朱贵发民宅地铺防潮；（d）文庄村文宗玉民宅灰土防潮

（a）（b）

图3-118　豫西南传统村落建筑台基

（a）文庄村某宅台基；（b）段庄村某宅台基

（c）　　　　　　　　　　　　　　（d）

图3-118　豫西南传统村落建筑台基（续）

（c）石窝坑村武运江民宅台基；（d）周庄村某宅台基

防火一直是中国传统木构架建筑的重要预防措施。五代时期南汉后主就曾以法律条文形式令居民做好防火："后主时多火灾令民家储水号曰防火大桶。宋书礼志殿屋，之为员渊方井兼植荷花者以厌火祥也"（《南汉春秋》）。历史传承下来的防火律令或民俗习惯，已成为豫西南传统村落居民的自觉习惯，为满足防火需求，有些民宅设有水缸，有的设有水池、水井（图3-119）。

（a）　　　　　　　　（b）　　　　　　　　（c）

图3-119　豫西南传统村落建筑防火设施

（a）界中村某宅水池；（b）界中村郑东阁民宅水缸；（c）文庄村某宅水井

在厨房等易发火灾的功能区，往往通过高耸的砖石质烟囱来达到防火的目的（图3-120）。《唐会要》载："汉柏梁殿灾后，越巫言海中有鱼虬，尾似鸱，激浪即降雨，遂作其象于屋，以厌火祥。"外在屋脊等部位，往往设脊端鸱吻以厌火祥，做防火的心理防御。

（a）　（b）　（c）　（d）

图3-120　豫西南传统村落建筑防火排烟

（a）文庄村王玉芳民宅厨房；（b）文庄村某宅烟囱；（c）段庄村某宅烟囱；（d）周庄某宅烟囱

在建筑防水方面，豫西南地区多雨水，易造成水患损坏房屋，1990年《南阳县志》记载的雨水泛滥造成的灾害就达37起："清圣祖康熙十五年（1676年）夏五六月大水，白河、潦河暴涨，近岸居民庐舍湮没，城南旧筑堤障，溃决数十丈。"由于传统民居多用土材料，易遭淫雨侵蚀毁损，传统村落中有很多防水的智慧。

第一，高屋基或砖墙打底。较高的屋基可以避免雨水对建筑的冲刷，延长建筑的使用寿命。如宛城区界中村某宅的屋基距地面达到1.15m（图3−121）。豫西南谚语说“房檐水澎七不澎八”，不设高屋基的夯土或土坯民宅在檐墙砌筑时往往用砖砌根脚，檐墙下层用7～8层砖，山区民宅则多以石块做根脚，以防墙体遭屋檐滴水冲刷；第二，厚实的苫背层和瓦。豫西南传统民居屋顶防水最为切要，在屋顶防水做法上，大多采用干槎式瓦做屋面，个别采用合瓦屋面，瓦下铺设黄泥层做苫背，以达到防水吸潮的功效；第三，弧形墙体减小冲击。如图3−122（c）所示，淅川县磨沟村某宅土坯砖垒砌圆弧形墙体的民宅厨房。一条小径随地形蜿蜒抬升在旁边经过，由于这间厨房处于地形的低处，为了避免高处雨水的冲刷，将墙体砌筑成圆弧形。这极大地减小了雨水对墙体的冲击力，最大限度地减小了雨水对墙体的直接侵蚀。这个设计与坐落在湖北鄂州长江中的观音阁异曲同工，其弧形墙体的设计大大减小了江水对建筑的侵蚀，使其至今近700年在长江江心岿然不动；第四，特殊构件防水。如脊端吻兽，其位置设在正脊和檐角，屋顶两坡的交汇点，雨水在此容易从两坡交界处的裂缝渗入屋内。吻兽在此起到严密封固瓦垄的作用，使脊垄既稳固又不渗水（图3−122）。

图3−121　界中村某宅屋基

在建筑防风方面，豫西南传统村落建筑组群中有许多生态做法经验。第一，以方城县为例，方城县全年主导风向为东北风，在南阳地区全年平均风速最大，为3.1m/s，极端天气平均风速可达20m/s。所以大部分村落民居都采用花瓦脊（图3−123）。如方城县文庄村文宗玉民宅的屋脊，采用仰瓦与合瓦拼花的花瓦脊，花瓦脊中间镂空，空气流通，减小了大风天气时空气流动对屋脊的冲击；第

（a）　（b）　（c）　（d）

图3-122　豫西南传统村落建筑防水

（a）界中村某宅苫背层与合瓦屋顶；（b）界中村某宅脊端吻兽；
（c）仓房镇磨沟村某厨房弧形墙体；（d）石窝坑村某民宅前的弧形墙体

二，黄泥抹面内墙防风。在室内墙体的防风上，一般采用黄泥抹面加白灰浆抹面，阻止了室内外空气通过墙体流通，同时土材料也利于墙体的保温，特别是石砌墙体，通过黄泥抹面可以显著改善石质材料比热较大导致的室内温度舒适度问题（图3-124）；第三，忌讳“穿堂风”。豫西南传统村落民居一般坐北朝南，除了临街门面房外，几乎不设后檐墙窗户，只在山墙处设小窗，这种做法不形成“穿堂风”，冬天的寒气也不容易进入室内，同时山墙的窗户小，与前檐墙窗户和门形成的空气流动强度有限。

图3-123　文庄村文宗玉民宅正房花瓦脊

图3-124　周庄村李凤秀民宅室内墙面处理

在建筑防寒方面，由于豫西南地区地处秦淮一线，冬季最低温度在-5℃左右，在房屋内无专门的取暖炉、暖气等设施，个别居民冬季用火盆烧木头取暖。因此，豫西南地区民居的墙体砌筑一般厚度较厚，特别是土坯墙、夯土墙，充分利用土材料的保温性能保持冬季时屋内的温度。如方城县文庄村王玉芳民宅墙体就较厚（图3-125）。苫背层灰背和泥浆的使用以及岗柴、高粱秆等编结秸秆材料

（a）　　（b）　　（c）

图3-125　豫西南传统村落建筑防寒

（a）文庄村王玉芳民宅墙体；（b）文庄村王玉芳民宅内部；（c）文庄村文宗玉民宅岗柴编结

的使用降低了屋顶与外界的温度传导，也增强了屋顶的保温性能。

在建筑抗震方面，豫西南地区地处中原，属于地震少发地区，《河南省南阳地区地理志》中记载："本区历史上共发生二级以上地震142次，其中六级地震3次，五级地震2次，四级地震13次，三级地震44次，二级地震80次。区内地震活动具有震级小、震源浅、烈度高、类型全和南北迁移的特点。"1990年《南阳县志》中记载的大部分地震等级及烈度都不大，有人员伤亡记录的为："武帝建武二十二年（公元46年）九月，地震陷裂死伤多人"（《南阳县志》）。豫西南地区地震频率低，强度小，因此传统村落建筑的抗震性相比地震高发区在梁柱结构上有地域性特点。以木材的插接结构为例，豫西南地区的梁架结构种类繁多，除个别民宅采用正统官式抬梁式或穿斗式木构架以外，多采用其结构变体，如抬梁与穿斗结合式、牤牛抵式等，多数为墙体承重。室内一般不吊顶，内部结构暴露。榫卯结构是最常用的木结构连接形式，且在豫西南传统村落民居中存在不同的榫卯木作工艺，其结构具有一定的抗震性和地域适应性，不同县域形成的生态美感也有所区别（图3－126）。

（a）　　（b）

图3－126　豫西南传统村落建筑梁架抗震

（a）文庄村文宗玉民宅梁檩结构；（b）界中村郑东阁民宅榫卯结构

（c）　　　　　　　　（d）　　　　　　　　（e）

图3-126　豫西南传统村落建筑梁架抗震（续）

（c）界中村郑东阁民宅柱子；（d）界中村郑东阁民宅梁架结构；（e）界中村郑东阁民宅厚重梁柱

四、豫西南传统村落建筑组群生态文化

1．人与自然共生

中国的传统建筑中除了具有形式美、技术美、材质美、功能美、空间美等美学特色外，往往蕴含着生态绿色发展理念。一些学者认为中国的传统建筑中蕴含着“天人合一”的建筑自然观、崇尚“节俭”的建筑道德观、诗意“乐居”的建筑审美观、“因地制宜”的建筑规划与设计思想、“取之有度、用之有节”的建筑资源持续利用思想，注重“形胜”“武备”和防灾的建筑安全思想、环境选择和人居环境保护意识，注重在特定自然环境下对人的健康、舒适和便利的关注和改造。如南召县石窝坑村有两套步道系统，雨季排水或路滑时用阶梯步道，平时用平步道，提高了居民行走时的安全性和舒适性（图3–127）。注重利用院落闲置土地进行生活资料的获取，如种植蔬果（图3–128）、养殖（图3–129）等，“蔬畦绕茅屋，林下辘轳迟”，将生产行为与居住功能合二为一，将人的生活需要作

为首要功能需求，同时又与环境相适应。

2．精神生态

生态文化是指以崇尚自然、保护环境、促进资源永续利用为基本特征，能使人与自然协调发展、和谐共进，促进实现可持续发展的文

图3-127　南召县石窝坑村两套步道系统

（a）

（b）

图3-128　豫西南传统村落建筑周围的蔬果种植

（a）四里营村某民宅前种植蔬果；（b）文庄村文宗玉民宅庭院种植蔬果

（a）

（b）

图3-129　豫西南传统村落建筑周围的养殖

（a）文庄村某宅前的马厩；（b）文庄村某废弃宅院做牛棚

化，主要体现在生态心理或精神追求方面。在豫西南地区的传统村落民居中往往设立神龛来祀神供祖，在厢房中供奉菩萨，在屋脊设姜太公神龛或牌位，设“泰山石敢当”，通过砖雕或木雕装饰吉祥图案或文字等。如宛城区界中村孙永生民宅西厢房前檐墙书写：“青秀府，白玉堂。生才子，状元郎”，表达对于生活环境改善和家族兴旺的期盼。逵心安民宅西厢房前檐墙书写：“夜梦不祥，写在粉墙，太阳一照，化作吉祥。”方城县文庄村文宗玉民宅墙上书写：“文武状元探花郎，天仙送来三个子。梧桐树上卧凤凰，风吹桂花万金香”（图3-130）。认为建房选址不佳的在墙上砌“泰山石敢当”的石牌或石碑，以期保佑宅院及家人的稳固和平安吉祥（图3-131）。在宛城区界中村逵心安民宅厢房和唐河县周庄张奇瑞民宅正房正脊中央的姜太公牌位，则延续了中国传统民间建筑文化中“姜

（a）　　（b）　　（c）

图3-130　豫西南传统村落建筑檐墙上书写的文字

（a）界中村孙永生民宅西厢房文字；（b）界中村逵心安民宅西厢房文字；（c）文庄村文宗玉民宅厢房文字

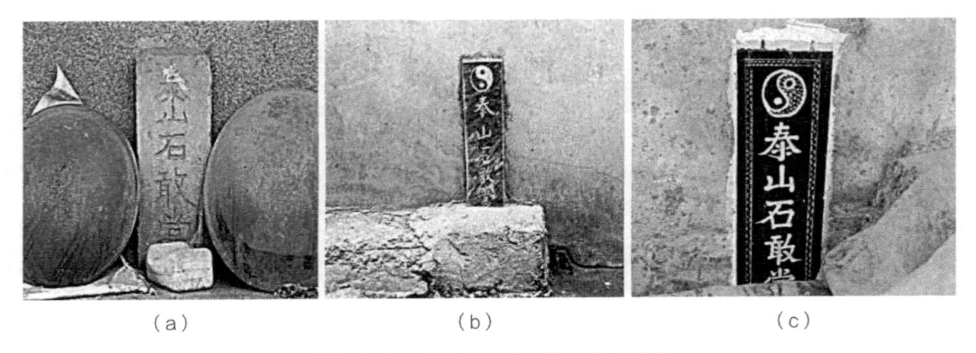

（a）　　（b）　　（c）

图3-131　豫西南传统村落中的石敢当

（a）界中村石敢当1；（b）界中村石敢当2；（c）段庄村石敢当

太公在此百无禁忌”的说法，认为设置姜太公牌位即可“逢凶化吉”，万事顺利（图3-132）。淅川县磨沟村李万华民宅厢房上的房主人手做天马，形态生动，跃步向房内，民间有“马走朝里儿（南阳方言）”之说，表达引吉祥、财富进家门之意（图3-133）。有些民宅在厢房设神龛，供奉佛教或道教神灵（图3-134）。在一些村落中民宅大门处还保留着张贴门神的习俗。

（a）　（b）

图3-132　豫西南传统村落建筑上的姜太公牌位
（a）界中村民宅姜太公牌位（b）周庄村民宅姜太公牌位

图3-133　磨沟村李万华民宅引财天马

除此以外，还有些建筑通过特殊的构件或装饰体现精神生态，在方城县段庄村的某些民宅龙头状脊饰上贴有一面圆形镜片，其看上去似“龙眼”。据当地居民介绍有“照妖镜”之用，可以“辟邪”，保佑家人平安（图3-135）。界中村山墙山花的变形“喜”字装饰，体现出对平安吉祥的美好生活的追求和向往（图3-136）。从这些案例中可见，豫西南地区在房屋建造过程中的民俗习惯众多，体现出习俗的精神生态性。

豫西南传统村落民居中脊端装饰呈现出多样性的特征，这些装饰都是居民用以“趋利避凶”的生态功用与装饰美的复合体。在调研过程中发现，在不同县域

（a）　　　　（b）

图3-134　豫西南传统村落建筑中的神龛

（a）石窝坑村神龛；（b）界中村逵心安民宅神龛

图3-135　段庄村龙头脊饰的“照妖镜”

图3-136　界中村郑东阁民宅正房山花

内有些民宅的“兽头”形象具有自己独特的造型式样，如方城县域地区传统村落民居建筑脊端做“凤凰”、淅川县域村落民居脊端复合板屋顶上的现代卷尾样造型、唐河县域村落的民居正脊两端瓦做“龙头”、方城县段庄村民居正脊两端的“獬豸”、南召县域村落的民居正脊两端的“鳌鱼”等。屋脊的脊筒也常是装饰部位，如郑东阁民宅、逵心安民宅的屋脊卷草花纹等（图3-137）。

图3-137　豫西南传统村落脊饰

(a)界中村郑东阁民宅正房脊饰；(b)文庄村某宅脊饰；(c)磨沟村某宅现代脊饰；(d)周庄某宅脊饰；(e)四里营村某宅獬豸脊饰；(f)四里营村某宅麒麟脊饰；(g)石窝坑村某宅屋脊“鸽子”；(h)石窝坑村某宅脊饰

墀头、博风头、大门等也是经常装饰的部位。植物图案、吉祥符号、文字等在装饰中较为常见。郑东阁民宅山墙前檐墙博风头做圆形向日葵花样雕饰，后檐墙博风头圆形做万字符雕饰，墀头盘头部分的植物叶子状混砖雕刻装饰，方城县文庄村文宗玉民宅正房博风头的“祯 ”“祥”字雕刻，王玉芳民宅博风头的卷草纹图案雕刻，某宅博风头的太极图图案雕刻（图3-138）。在墀头戗檐板装饰上经常使用马（象征马到成功）、羊（吉祥如意）等图案雕刻（图3-139）。装饰都含有吉祥、幸福、财富等寓意，体现了居民对美好生活的追求，并将这种精神追求物化为带有吉祥寓意的图案与文字生态装饰。

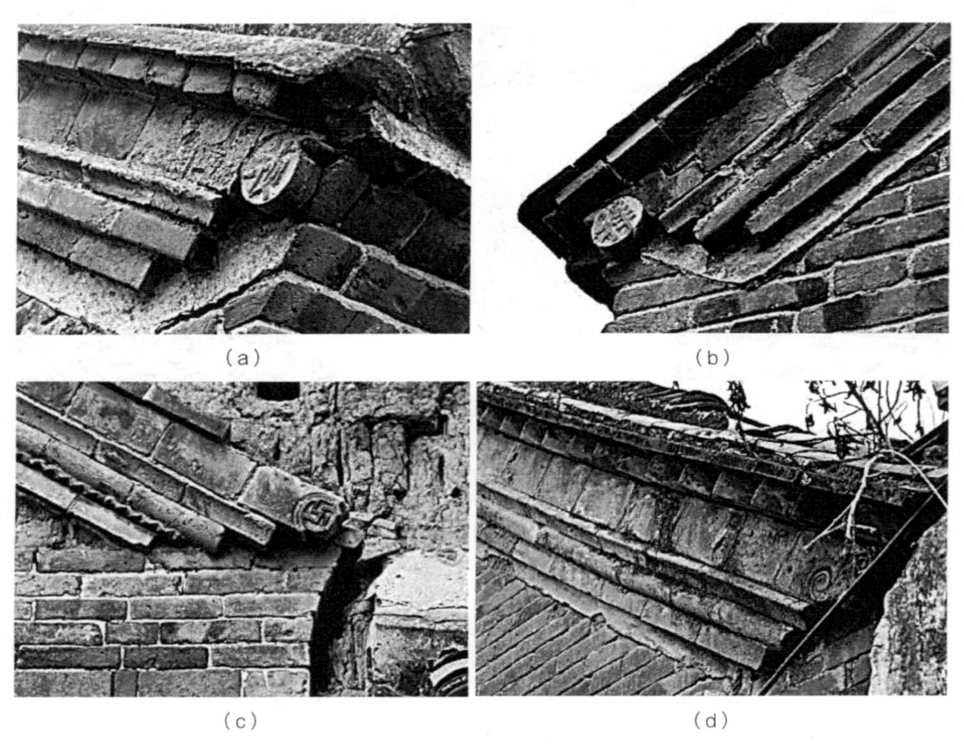

图3-138　豫西南传统村落建筑博风头装饰

（a）文庄村文宗玉民宅博风头1;（b）文庄村文宗玉民宅博风头2;
（c）文庄村文宗玉民宅博风头3;（d）文庄村王玉芳民宅博风头

（a）　　　　　　　　　　（b）

图3-139　豫西南传统村落墀头装饰图案

（a）界中村郑东阁民宅墀头装饰；（b）四里营村某民宅墀头装饰

第四章

豫西南传统村落组群传承、保护与发展的理性思考

梁思成认为，建筑活动与民族文化之动向实相牵连，互为因果。对豫西南传统村落建筑组群美学特色的研究，一方面客观地反映了建筑活动是当地文化的继承，为文化提供了载体，反映着豫西南地区的社会发展状况、当地百姓的生活水准、民俗特色、风土人情、信仰崇拜以及资源配置和气候等；另一方面当地文化也为建筑的选址、规划、形态、结构等营造提供了深层的内涵。可以说，现存的传统村落建筑组群是当地传统文化繁荣发展最直接、最有力的证据，对其研究有着重要的意义是毋庸置疑的。

首先，就当地村民而言，承载着当地民众物质需求和生活居住条件提升与满足的物质需要和祈求平安富贵、吉祥安康、家族延续和安康兴旺的精神需求。

其次，就社会而言：第一，有利于发掘隐藏在建筑中的民风民俗、建筑文化、民史、村史等历史文化价值；第二，有利于将豫西南传统村落失传建筑营造经验继续传承与延续，为其连筋续脉；第三，有利于增加对豫西南传统村落建筑组群传统建筑美学的认识与认同，发掘其美学价值，为下一步将建筑组群进行符合现代社会发展所需要的活化应用进行探索；第四，有利于发掘传统村落的社会经济价值与文化传承价值，开展民俗旅游、民宿体验，营造吃、住、娱、学、传一体化的传统村落建筑组群“综合体”尝试；第五，有利于对其学术研究价值的开发，将建筑材料、建筑营造技艺、建筑生态、工匠精神等结合起来进行研究，可以显著提升对豫西南地区传统村落建筑组群营造活动学术研究的层次；第六，可以保持和发展豫西南传统村落的环境及景观独特性。为此，我们进一步探讨一下让其更好发展的具体措施或对策。

第一节　村落建筑组群美的认同与宣传

一、关于认同与尊崇

本书的调查组曾经就豫西南地区传统村落建筑组群做过一个调查问卷，调查的对象为村落中的村民，分两个地点共发放问卷131份，收回128份，有效问卷128份（图4−1）。其中在方城县、南召县、社旗县、淅川县等县域村落发放53份，收回53份。在南阳城区的不同人群中发放78份，收回75份。问卷中与建筑组群认同相关的题目共有2题。根据调查结果，在问卷的第6个问题“您认为豫西南传统村落建筑美吗?”一题中，共有56人选择B．一般，占比为43.75%；有22人

豫西南传统村落建筑组群审美研究调查问卷

朋友您好：

非常感谢您百忙之中参与河南省哲学社会科学规划研究项目《豫西南传统村落建筑组群审美研究》的问卷调查，调查问卷的内容仅作为课题研究使用，内容不涉及您的个人姓名等隐私，也不进行填写过程的动态或静态影像的采集，请您放心并根据实际情况和想法如实填写以下选项，课题组对您的积极配合表示最诚挚的敬意。

※ 请在下列选项画“√”或在空格中填写

1.您的性别？

A. 男　B.女

2.您的年龄段？

A.20-40 岁　B.40-50 岁　C.50-60 岁　D.60 岁以上

3.您的职业？

A.农民　B.学生　C.工人　D.企事业单位人员　E.其他

4.您对豫西南地区传统村落及其建筑熟悉吗？

A. 熟悉　B.不熟悉

5.您去过附近的哪些传统村落？

答：

6.您认为豫西南传统村落建筑美吗？（请看以下图片）

A. 美　B.一般　C.不美　D. 说不清

7.您认为豫西南传统村落建筑应该进行什么类型的改造？（请看以下图片）

A. 拆除　B.自生自灭　B.保留修缮　C.现代化改造

8.如果您认为应该改造，那么您最希望改造哪些部分？（可多选）

A.居住环境　B.交通条件　C.服务场所及设施　D.旅游或商业开发　E.其他

9.您认为传统村落的生态环境如何？

A. 好　B.一般　C.不好

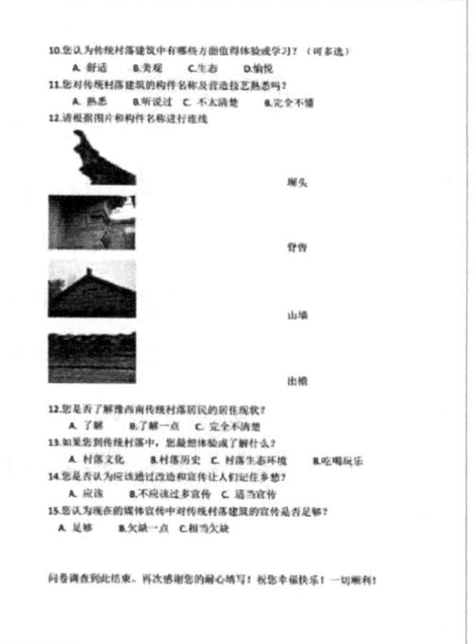

10.您认为传统村落建筑中有哪些方面值得体验或学习？（可多选）

A. 舒适　B.美观　C.生态　D.愉悦

11.您对传统村落建筑的构件名称及营造技艺熟悉吗？

A. 熟悉　B.听说过　C. 不太清楚　B.完全不懂

12.请根据图片和构件名称进行连线

墀头

脊兽

山墙

出檐

12.您是否了解豫西南传统村落居民的居住现状？

A. 了解　B.了解一点　C. 完全不清楚

13.如果您到传统村落中，您最想体验或了解什么？

A. 村落文化　B.村落历史　C. 村落生态环境　B.吃喝玩乐

14.您是否认为应该通过改造和宣传让人们记住乡愁？

A. 应该　B.不应该过多宣传　C. 适当宣传

15.您认为现在的媒体宣传中对传统村落建筑的宣传是否足够？

A. 足够　B.欠缺一点　C.相当欠缺

问卷调查到此结束。再次感谢您的耐心填写！祝您幸福快乐！一切顺利！

图4−1　豫西南传统村落建筑审美研究调查问卷

选择“C．不美”，占比为17.19%；有7人选择“D．说不清”，占比为5.47%。在第7个问题“您认为豫西南传统村落建筑应该进行什么类型的改造?”一题中，共有73人选择“A．拆除”，占比为57.03%；有11人选择“B．自生自灭”，占比为8.59%；有14人选择“C．保留修缮”，占比为10.93%；有30人选择“D．现代化改造”，占比为23.43%。

由问卷调查数据可知，目前对于传统村落建筑组群的认同感普遍较低，认为其形态不太符合现代生活需要和审美需求，落后了就要拆除。可见，民众对其明显信心不足，有文化上的自卑感。他们多数认识不到村落建筑组群的美感，对于隐藏在内的文化也较少意识到其存在的价值。梁思成说，在建筑上，如果完全失掉自己的艺术特性，在文化表现及观瞻方面都是大可痛心的。因这事实明显代表着我们文化的衰落至于消灭的现象。甚至在访谈中有的居民对于传统建筑是排斥的，存在完全拆除重建的思想，认为应该用外地的或现代的形式去取而代之，因此文化认同上的危机就成为豫西南地区传统村落的重大危机之一。

基于此，首先需要对豫西南传统村落建筑组群的美有自觉的认同。民族的才是世界的，地域的才是特色的。朱光潜说物的形象是意蕴和情趣移于物的体现，建筑物就是当地的地方文化、地方气候、地方风俗、生活习惯等意蕴和情趣的体现。只有广大民众的普遍认同才能让其有不断延续的力量和更长久的生命力。要认同建筑的外观形态、认同建筑物的功能、认同建筑的美、认同建筑的独有性……以诸如上述建筑的方方面面的知识传播来唤醒民众的认同意识。

对豫西南传统村落建筑组群的尊崇是在对建筑文化及建筑美认同之上的提升，民众对于传统村落建筑组群有一定的责任心，主动作为，去维护好、修缮好、使用好、传播好建筑组群多方面的价值，以建筑组群为荣、以建筑组群为崇敬的对象，让民众在建筑组群中发现族群生生不息的延续、发现先祖不屈不挠的生存意志、发现工匠深思熟虑的营造手法，在一砖一瓦中体会到先人的劳苦不易和中国建筑文化的魅力。如果尊崇的意识被唤醒，对建筑组群美的欣赏就会更为全面，保护、传承与发展传统村落建筑组群的意识就会愈加强烈。只有当地民众的认同和尊崇意识被普遍唤醒和激活，对建筑组群的保护、发展和传承才能得到更好的成效。因此，对其宣传和传播是当务之急。

二、关于宣传与传播

关于豫西南传统村落建筑组群的宣传和传播，笔者在2021年9月20日用搜索引擎在互联网上搜索，对以南阳市为代表的豫西南传统村落及其建筑组群的宣传进行了统计。以“南阳传统村落”为关键词搜索发现，在有效的搜索结果中，以成功申报传统村落的新闻类宣传居多，在前5页的50条搜索结果中有41条，占总搜索结果的82%，学术文章类为4条，占总搜索结果的8%，而专门介绍南阳传统村落的文章数量仅为5条，并且文章简短，往往隔靴搔痒，让人意犹未尽，缺乏对传统村落及建筑组群的详细研究。在其中一篇相对完整的文章《河南南阳8个小众秀美古村落，这些时光的记忆值得寻访》中，也是综合性地简单介绍了吴垭村、土地岭村、前庄村、转角石村、杏山村、老城村、王老庄村、石窝坑村等村落的基本情况，对于深层次的文化内涵的介绍也相对缺失。由以上搜索结果分析可知，主流网络或媒体的宣传报道主要集中在能否成功申报国家级或省级传统村落，而对于传统村落及其建筑组群的文化和美还没有足够的重视，正如梁思成所言：“缺乏视建筑为文物遗产之认识，官民均少爱护旧建的热心。”以致一些传统的古村落无“传统村落”的头衔，对建筑组群的保护和修缮不佳，拆除现象还时有发生，如笔者2021年10月17日到瓦店镇李靖庄调研，遗憾的是前一天，该村刚刚将一座二进院中的三间正房进行了拆除。

因此，加强对传统村落历史、文化宣传的重要性不言而喻。特别是村史村志的编纂、族谱的修订、族群的发展延续历史、建筑组群的营造技艺、工匠精神等内容的宣传与传播，对于提升民众对传统村落建筑组群美的认同与尊崇有重要意义。

第二节　豫西南传统村落建筑文化自信的建立

豫西南地区的建筑文化作为传统文化的重要组成部分，具有显著的地方特色，同时由于受到南北文化的影响，兼收并蓄，多方融合，在建筑营造技艺、文化习俗的方方面面都体现了南北交界区域的过渡性特点。这是值得深入研究并进行广泛宣传的宝贵资源和财富，民众应该对这种独特的建筑文化和建筑技艺建立更多的文化自信，推动豫西南传统村落建筑文化在中国文化序列中展现独特魅力和厚重底蕴，以适应新时代发展的需求。

一、思想自信

豫西南传统村落建筑组群是有着鲜明地方特色的村落文化、民俗文化和建筑文化的综合体。建筑是石头书写的史书，是最为显像的文化符号。2015年的人民日报文章《中国建筑要有文化自信》中在讨论建筑文化自信时讲到，研究传统建筑的“形”，更传承传统建筑的“神”，妥善处理城市建筑形与神、点与面、取与舍的关系，在建筑文化泛西方化和同质化的裹挟面前清醒地保持中国建筑文化的独立与自尊。在城市中存在对中国建筑思想和文化的不自信，在传统村落中这种情况更甚。因此必须建立起豫西南地区民众对于传统村落建筑文化的自信，让民众体会到建筑组群的美以及蕴藏在建筑内部的优秀文化，获得对建筑文化的自尊和自信。

二、环境自信

环境决定人的生活品质，环境是衡量社会发展和人的生存状况的重要指标之一。豫西南地区属于南北交界区域，气候适宜，环境温和，自然环境和生态环境良好。伏牛山区有森林覆盖率80%以上的广大山脉，山区传统村落处处青山掩映、绿水环绕，自然生态良好。特别是淅川县域丹江水库区域的传统村落，紧依一级水源地水库，水库还是南水北调中线工程的源头，为北方城市持续输送优质水源。村落建筑组群依山傍水，生态宜居。南阳盆地的平原地区雨量充沛，物产丰富，粮食作物和经济作物种植面积大，生活条件有充足保障。平原地区河流遍布，提供充足水源。传统村落地区建筑结合环境就地取材，建筑富有地方特色。豫西南传统村落有着我国多数地区所不具备的优良环境条件，应该保持高度的环境自信，并将这种自信变为主动的宣传，进而转化为保护与传承传统村落建筑组群的行为。

三、生态自信

绿水青山就是金山银山，豫西南地区有着优良的环境，生态状况良好。豫西南传统村落及建筑组群选址依照地形、采光、排水、通风等条件而建，具有一定的生态美价值，集中反映了村落居民对居住环境生态性的智慧营造和朴素的生态审美观。在营造中，根据环境条件、经济条件，就地取材，选取豫西南当地生产的吻兽、白灰浆、土、木材、沙石、秸秆等，节省人力、物力及财力，在营造中可以显著降低能耗；在采光、通风、排水、防火防潮、保温等方面能够结合豫西南地区的地域特性进行创造性设计，提高台基，弧形墙体，扩大窗洞尺寸，避免遮挡，获取更多的光线射入。在防腐、防潮、防火、防水、防风、防寒、抗震等方面都具备一定的生态性营造经验。院落内有一定坡度，利于自然排水。屋脊设吻兽，天井院内设置水缸、水池或水井等防火储水设施。屋内地面灰土夯实并条砖墁地，墙面黄泥抹面或加白灰浆抹面，墙体厚实，多为两层砖砌或土坯，以应对屋内防潮及保温。在生态文化上注重以人为本，院落内生活生产功能二合一，讲究虚实布局。

豫西南传统村落民居营造中存在大量可以借鉴的富有智慧的生态经验和生态美感，是实现传统村落和现代建筑生态可持续发展的有效借鉴。因此，广大民众应该树立传统村落建筑的生态自信。

四、技艺自信

从豫西南传统村落建筑组群营造的工艺美中可以看到，其在石作、土作、木作、造景等营造技艺以及营造过程方面都有典型的豫西南地域特色。在营造中处处体现出居民和工匠的营造智慧。然而遗憾的是，营造技艺目前正在面临失传。不可否认，传统村落建筑营造技艺的一部分做法因限于材料特性，确实已经难以适应新时代环境营造活动的基本需求，逐渐被现代的营造活动所取代。专业工匠和研究人员也在减少，根据调研结果，目前在豫西南地区的大部分村落中，建筑工匠几近消失，大部分已经过世，目前还健在的多数已年过七旬，也多年未进行营造活动。由于传统建筑活动的逐年减少，年轻一代又很少从事这个行业，留存下来的参考书或技艺材料也极其稀少，营造技艺正在面临失传。这些营造技艺是中原传统建筑文化的一部分，也是中国非物质文化遗产的一部分，是精华而非糟粕，是可取的而非丢弃的。

后现代主义建筑大师罗伯特·文丘里曾说：“用非传统的方法运用传统，以不熟悉的方法组合熟悉的东西，他就在改变他们的环境，他甚至搞老一套的东西也能取得新的效果，不熟悉环境里熟悉的东西既给人以似曾相识的感觉，又给人以陌生感。”即使在建筑科技快速发展的今天，在传统村落建筑组群中仍然能够找到类似空间安排这样的好方法、好技巧，这些是可以被现代建筑活动利用和学习的。建筑外观形态所体现出来的深层次的建筑精神更是可以为现代建筑活动提供精神支撑。认识到这一点，就需要建立营造技艺的自信，将技艺深入分析、提取并总结规律，为现代建筑活动服务，挖掘豫西南传统村落建筑组群营造技艺的潜在价值，使之与新时代民众对于美好生活的更高追求相适应，有利于传统村落建筑组群营造技艺更好地传承，让优秀的建筑技艺和建筑文化得以延续，同时也有利于新的建筑实践活动的创新发展。

第三节　豫西南传统村落建筑组群的保护与利用

20世纪90年代《南召县志》关于村落中住房条件的描述为："旧时穷困之家盖草房为主，山黄草为上品，次为芭茅、稻草、麦秸等。草房约占全部住宅的80%以上，且房屋狭窄矮小，无院落围墙，有的人畜同堂，卫生条件差。""上漏下湿、穷巷陋室、穷阎漏屋、上雨旁风、断垣残壁、茅茨土阶"可以说用这几个词来形容当下的豫西南传统村落部分破败的建筑组群是极其贴切的。特别是近些年，城镇化进程加快，传统村落也面临着城镇化的冲击。村落中新旧民居互相交错，传统村落的传统"味道"正在逐渐褪去。地方政府对于村落保护与经济发展之间的认识不充分，往往对申报传统村落和保护单位并不热衷，也加速了传统村落的"碎片化"和传统民居的衰败。豫西南传统村落建筑组群正在快速变成一种近乎抽象的符号，已经在人们的心中越来越模糊了。多数老宅因环境、经济等多方面因素而导致缺乏维护，面临着倒塌的危险。如唐河县桐寨铺镇张营村的一处老宅，因地基沉陷，东山墙、南檐墙已经严重变形，从南檐墙外的烟囱可以明显看出墙体的倾斜角度相当大，随时都有倒塌的危险。屋外为防止山墙倒塌，在一侧用数根木头支撑，屋内南檐墙也用木头顶住。令人震惊的是这座老宅里面仍然住着一位80多岁的孤寡老人。这栋建筑像风烛残年的老人一样，正在发挥着余热为居者服务，但却随时都可能因为倾覆而成为"凶手"（图4-2）。

建筑物的这种情况在豫西南传统村落中并不鲜见，在很多村落中前后檐墙和

图4-2　张营村老宅外观

图4-3　大楼房村某宅外观

山墙出现裂痕和错位的情况比较多。有的甚至只剩下内部的木构架，外墙已经倒塌殆尽（图4—3）。出现这种情况一般有以下几种原因：首先，是对建筑这种文化遗产的保护和维护修缮等的意识十分薄弱，认为建筑有其使用寿命，经过一定的岁月，建筑完成了其使命，任其自生自灭；其次，是当地政府和居民自身修缮资金投入的不足。在调研中发现，有些居民是希望继续在旧房中居住的，但由于条件恶劣，抛弃旧房实属无奈。在调研中课题组甚至被当成了政府的公务人员，被误认为是帮助他们修缮房屋的。经济条件的不足是导致目前这种窘况的主要原因之一。再次是对建筑缺乏认同，盲目跟风，认为现代的房屋在各方面都条件优越，因此将旧房弃之或推倒重建。

一、关于保护

对于豫西南传统村落建筑组群的保护，不是将其做成博物馆供人观赏，而是要在使用上去发挥其功能性，并通过修缮、改造等达到其最佳的外观。河南省内及周边地区的传统村落建筑组群的保护有许多成功的经验可以供我们参考，比如豫北地区的太行山石板岩镇高家台村及河北省邯郸市涉县赤岸村等地的传统村落建筑组群的保护都提供了许多有益的经验。

第一，要保护豫西南传统村落的历史风貌。保护各个村落的建筑外观的统一、街巷的完整和通畅、空间布局的保持、材质的原始和修复等。

第二，传统建筑的保护和修缮。对传统村落建筑定时给予一定的修缮，保持建筑组群的原貌，特殊构件可设立一些围护设施或保护工具加以保护。

第三，传统村落居民生活方式和生活习俗的保护。民俗等非物质文化遗产的保护是传统古村落建筑组群保护的一部分，是建筑的内在精神所在，能够通过民俗等了解建筑的构筑原因。

第四，传统村落环境生态的保护。环境生态是居民生活水平的重要指标，也是决定村落发展方向的重要因素，以绿水青山就是金山银山为指导的传统村落地区的环境生态保护就显得尤为重要。

第五，健全保护机制。可以分批次、分层次制定保护措施，为建筑组群定级定保。以就地原址保护为主，保持村落建筑组群原貌。同时广泛募集资金支持，有条件的地区可以征集社会力量，积极促成民间开发力量协同政府一起参与古村落的保护与更新工作，使旅游开发和经营在古村落保护中成为一个动力源，使古村落的保护与发展得以实现。

第六，加大宣传力度。提高社会各界对传统村落及建筑保护与利用价值的再认识，开展传统媒体与现代媒体协同宣传，特别是要加强新媒体的宣传，如微信、微博、抖音、快手等，并开发相关的公众号，上线豫西南传统村落APP等，宣传传统村落建筑组群的保护，同时加强传统媒体的正面宣传报道。通过宣传引起决策层的重视，获取更多的关注和认可，唤起广大民众对于传统村落建筑组群的保护和传承意识，认识到其价值。

只有将传统村落建筑组群进行扎实有效的保护，才能发挥其景观特色。同时，保护基础上的维护和修缮让村落和建筑组群的功能更为完备，适应现代生活需求也为下一步的开发利用提供了可能。

二、关于利用

豫西南地区地处中原腹地，人口众多。以南阳市为例，根据2021年第七次全国人口普查数据显示，目前常住人口有971.31万人。南阳市的经济发展也在逐年加快，人民生活水平不断提高，消费能力逐步提升。高校众多，大学生等外来的消费群体也给地区发展增添了活力。众多的人文和自然景区也吸引了不少外地的游客前来，为南阳市的旅游产业贡献了不少力量。近年来，因节假日小长假的推行以及新冠肺炎疫情的出行限制，近郊的旅游模式受到热捧，以传统村落为代表的近郊生态旅游地成为热点旅游目的地。总之，经济的发展和居民消费能力的提升为豫西南传统村落地区的旅游、传统村落建筑组群的利用提供了可预见的良好发展前景。

第一，保护为首。经济的发展也带来了城镇化的加速推进，在开发利用传统村落及其建筑组群资源时，要避免因改造带来的建筑文化遗产破坏和损毁。梁思成认为艺术的创造不能完全脱离以往的传统基础而独立。保护好、继承好传统村落的建筑文化、民俗文化就是保护传统的基础。首先，统计总结豫西南传统村落建筑组群形式美的展现要素，分类整理，登记成册；其次，统计老工匠信息，并根据其口述或记录、歌诀等进行整理，收集传统营造工具，保存传统技艺，并编纂豫西南传统村落建筑技术营造过程中的营造技艺等；再次，保护建筑组群装饰构件，编纂豫西南传统村落建筑组群装饰图集，积累其装饰美研究的资料；最后，总结并整理传统村落建筑组群的生态美营造技艺，吸收可用经验。

第二，特色保持。建筑的营造不应该是趋同，而应该是多样的。建筑外观和内在精神的丰富性是建筑有别于别处的重要特征。这一方面是由于建筑组群所处环境的不同，同时民族或者地域文化的多样性、建筑营造理念的多样性也对建筑组群的特色产生影响。豫西南传统村落建筑特色是中国南北分界线周边及中原地区建筑特色的一部分。对建筑特色的保持要保存其个性，减少其共性。

首先，保持特色的建筑材料。豫西南地区的建筑材料中，伏牛山地区石材的特性，桐柏山区的石材特性，都是其他地区所没有的，其材质肌理效果也与其他地区有所不同。土材料、木材料的加工和制备等也让建筑有了属于该地区特有的材料特征；其次，保持特色的传统村落及建筑空间。建筑的首要用途是居住和生活，特色的村落空间和建筑空间组织是保持特色的重要因素，也反映了豫西南当地的居民生活方式和村落民俗文化；再次，保持特色的建筑功能营造技艺。营造技艺是建筑得以长久延续和留存的保障，村落建筑的修缮和营造都离不开豫西南地区特有的建筑营造技艺；最后，保持特色的建筑功能。虽然传统村落建筑功能不太适应现代的生活方式，有些功能也确需改进和提升，但仍有一部分传统建筑的功能也同样适用于现代生活，甚至是现代生活方式和现代建筑中需要借鉴的。

第三，创新利用。罗伯特·文丘里认为："在建筑中还有传统，而传统则是另一种特别强烈、范围更为普遍的表现形式。建筑师必须运用传统使它生动活泼。我是说应该非传统地运用传统。"非传统地利用运用传统即是对传统建筑在保护基础上的创新。王澍也提倡对传统与过去进行创新，他认为："当现代化走到这一步之后，人们发现生活里真实的东西很重要，我们的过去在我们的生活史中很重要。这些东西有没有可能在今天还可以活着？这样的东西才需要创新，没有创新是做不到的。"

首先，材料的创新。我们在特色的保持中提到过要保持特色的建筑材料。保持不是静止或停滞不前的完全机械地沿承，可能在一些情况下需要在原有材料基础上进行新形态的深入加工，让材料的性能更为突出。比如土材料，原始的夯土墙由于土材料的自然属性，其耐久性和柔韧性较弱，可以结合豫西南当地的土材料进行新夯土建筑的营造，新夯土材料既保持了材料本身的肌理特色，又在力学性能和耐久性上有大幅的提高，在测试中甚至可以达到砖墙的抗压强度。

其次，营造技艺的创新。艺术当随时代，传统的营造技艺也当随时代。传统营造技术的现代适应与改造对适应建筑的新变化、新功能提供保障。特别是在对某些传统村落建筑进行现代化改良的时候，结合传统营造技艺或许会收到意想不到的效果。

再次，形式的创新。传统村落如果在形式上不进行创新，就和现代生活产生了鸿沟，割裂了传统与现代的交流机会。因此，传统与现代形式的结合是传统村落建筑生命力的新的延续手段，可以让传统村落建筑有更为长久的生命力。比如豫北林州市石板岩镇三亩地村的浣望民宿设计（图4–4），就是传统村落建筑组群现代形式创新的典范。不但进行了形式上的创新，也进行了空间上的改造和再利用。在形式上传统建筑不能脱离现代建筑的形式跟进，新建的现代建筑也不能脱离传统元素的植入。如此一来，传统村落建筑组群才更有活力。

最后，功能的创新。豫西南传统村落建筑组群在有些功能上已经不太适应现代居住空间的功能需求。需要在保持传统建筑风貌基础上的现代性改造，对建筑的内部设施和周边环境进行适应现代人生活的功能改造。

图4–4　林州市石板岩镇三亩地村浣望民宿

第四节　对传统村落旅游产业的作用与发展现状

一、传统村落建筑组群对传统村落旅游产业的作用

旅游业是传统村落利用的主要形式之一，也是对环境影响最小的创造经济效益的形式。传统村落旅游的吸引物更指向传统村落独特的建筑景观和文化景观，以体验村落礼俗文化和传统耕读为主要内容。传统村落旅游吸引的是具有特定文化依恋与怀旧情结，并具有较高文化审美层次的旅游者。通过传统村落旅游的主要内容可知，首先，传统村落建筑组群作为重要的景观，带有特色的肌理和丰富的层次，是传统村落旅游产业的重要组成部分，游客可以观景赏遗；其次，隐藏在建筑组群中的建筑文化、营造技艺、民俗文化、村史故事、人物传记、故乡情结等也在无形中为传统村落旅游提供文化内涵，游客可以增知怡情；最后，建筑组群改造后的民宿或农家乐等也为游客的食宿、娱乐等提供了舒适的场所，游客可以放松身心。

二、传统村落建筑组群旅游产业的发展现状

目前，豫西南传统村落建筑组群在旅游产业发展上面临几个突出问题。首先，目前的保护和发展以建筑修复和文物保护为主，而在游客接待的民宿、农家乐等食宿、娱乐活动公共场所及服务设施的建设上还严重不足。如吴垭村，只有村广场的一角有一家饭店，就餐条件一般（图4-5）；其次，与建筑组群相关的建筑营造技艺等非物质文化遗产项目的开发与服务还欠缺；再次，建筑组群存在同质化现象，在核心资源的展示上易让游客产生视觉疲劳，资源的异质性特征还有所欠缺；最后，政府主导下的传统村落保护与发展缺乏与市场接轨。政府的

“注血”维持了村落及建筑组群的基本面貌，但需要市场化运营和居民自发的“造血”才能让其有更强的生命力。相信如果能够把这几个突出的问题解决好，传统村落的旅游产业和传统村落建筑组群所带来的经济效益、文化效益等将会逐渐发挥出来。

图4-5　吴垭村农家饭店一角

第五节　村落建筑组群的整体提升

民国时期报刊上对南阳地区村落建筑环境的描述：“全县户口为十六万四千九百三十九户，有房屋十二万七千五百一十四所，内中瓦屋占五分之一，草房占五分之四，而这许多草房又是光线不足，空气不流通，是非常坏的住所。且屋少人多，拥挤不堪，所谓人间地狱者是也。”新中国成立以后，政府对农村逐渐重视，通过政策支持和帮扶加大对农村地区的投入，村落的整体环境和居住环境得到了改善。家家户户通电、通水，道路交通条件也逐步便利。特别是改革开放以后，我国经济逐渐腾飞，传统村落地区也得到了切实的实惠，居民生活条件有了质的飞跃。党的十八大提出把国家基础设施建设和社会事业发展重点放在农村，深入推进农村建设，全面改善农村社会生产生活条件。加大对传统村落的保护力度，评选了一批国家级和省级的传统村落。党的十九大则明确了实施乡村振兴战略，要打造“产业兴旺、生态宜居、乡风文明、治理有效、生活富裕”的美丽乡村。坚持人与自然的和谐共生，走乡村绿色发展之路。这反映了党中央对于乡村地区生态美保持和发展的方向引领。要传承发展提升农耕文明，走乡村文化兴盛之路，这反映了对传统村落地区文化挖掘的重视。

2021年9月，河南省为深入推进乡村振兴，持续深化农村综合改革，省财政厅安排资金12.3亿元，支持市县以项目建设为载体，开展农村公益事业财政奖补、美丽乡村建设、田园综合体试点、农村综合性改革试点试验等工作，让广大农民过上更加美好的生活，推动农村人居环境更加优美。可见，国家和河南省对于乡村振兴给予了较大的扶持。但广大传统村落建筑组群仍然需要各方面的提升来适应未来生活需要和旅游产业发展。豫西南地区地形丰富，景观独特，旅游业发展优势明显，除了发展村落民宿、餐饮服务等第三产业外，还要在当地发展特色的种植业、养殖业、手工业、文化创意产业等，如西峡县丁河镇木寨村就形成了猕猴桃、香菇这两种农产品为主的体验式产业。

一、形象的提升

1．外观的整体与多样

在整体性上，村落建筑组群面貌的整体性是体现其特色和规模的重要方面。

首先，要以保护为主。传统村落建筑组群目前的外观现状参差不齐，在保存比较完好且整体性强的村落，特别是有历史或文化价值的古建筑，要以维护其原貌为主，定期修缮，以使其作为反映村落发展和居民生活方式的见证。这样的建筑在功能性上不过多干涉，也不能拆除，维持其现状即可。其外观所体现出的风吹日晒后的材质肌理和时间印记更能体现村落建筑组群的特色和美感（图4–6）。

其次，现代性改造。对于村落中不具有典型文化特质或文化底蕴的建筑，在

图4-6　吴垭村现状

维持原有建筑式样外貌的前提下，进行现代性改造，以维持居民对新时代美好生活的需要。对于个别建筑对整体景观的破坏，造成的整体面貌的破碎，也可以采用改造的形式对建筑物进行更新。如吴垭村内的几处现代民宅在保存完好的村落中显得“别具一格”，极大地破坏了村落建筑组群的整体美感（图4-7）。前庄村则在村落整体性的保持和改造上比较整体，突出了村落建筑组群的整体性和统一性（图4-8）。

最后，拆除或重建。在传统村落中，有些普通建筑目前已经坍塌大半，这些建筑往往具有较低的文化价值或历史价值，一味地保留会对村落环境的整体性造成破坏，可以进行拆除，或者权衡村落环境的整体性与经济条件，在原址上以原貌形式进行重建。豫北太行山地区石板岩镇的高家台村就是在外观形式上提升得较好的案例，在保留太行山石板建筑的基础上，将村落的整体面貌和细节上的修饰营造得别有韵味。同时，又借助建设开发大学生写生、研学基地，开发太行旅游服务产业等促进了村落经济的快速发展，经济反哺村落环境建设，形成良性循环，让高家台村更具传统村落美感（图4-9）。

图4-7　吴垭村建筑组群现状

图4-8　前庄村建筑组群整体性

图4-9　林州市石板岩镇高家台村

2. 内外功能的提升

传统建筑在功能的分区及规划上有其优势，但随着人们对生活水平有更高要求，也面临部分功能的缺失所带来的生活不便。现代的生活环境下，人们对生活的追求不仅仅停留在温饱，还有了更高品质的居住要求，有更富余的时间追求精神舒适。传统村落也需要各种电器、网络、休闲娱乐等。然而这些功能往往也是目前豫西南传统村落建筑中所缺失的。

内外功能的提升要解决好居民的这些新需求和未来进行旅游开发后游客的需求。在住宿条件上的更高要求，安全、整洁、方便是保证居民生活品质的基础，有利于居民生活水平的提升和游客居住体验的提高。比如在传统的空间功能区划中，厕所会设在户外，多为旱厕，夏季蚊虫叮咬，冬季寒风袭人，如厕多有不便。在室外铺设管道，室内设置卫生间，采用抽水马桶的形式，可很好地解决如厕问题。在专门用作旅游住宿的民宿中，可以将厢房的内部空间重新规划，加入更多的游客休闲及体验空间，比如小书吧、小酒吧、乡村食厨体验等（图4–10）。庭院空间作为户外空间，往往也是休闲娱乐的主要场所，在庭院的景观规划上要多增加些形式上和材质上的变化，整体多样。比如步道的材质，可以结合石头、木头或者砖瓦。绿化上，植被也要有高低错落变化。新功能区的配套设备也要完善，宽带接入、Wi-Fi无线信号要能够覆盖整个建筑组群。

图4–10　石板岩镇三亩地村浣望民宿内景

3．异质性的突出与强化

异质性最能够体现传统村落建筑组群特色。异质性主要体现在建筑组群的外观、建筑组群的功能、建筑组群的特色文化底蕴等方面。我们以豫西南地区淅川县、内乡县两个县域的石头房作为对象，来分析其异质性。淅川县土地岭村的建筑组群，其石板屋顶与墙体边沿齐整的石砌墙体为建筑特色；而内乡县吴垭村则是瓦顶与墙体边沿凹凸不平为其建筑特色；土地岭村建筑多不设屋脊和脊兽，而吴垭村则注重屋脊和脊兽的造型；土地岭村有特有的道教文化，而吴垭村则突出民俗文化。要提升村落的整体形象，在修缮和文化传承上这些异于其他村落的异质性的元素要加以强化。

4．现代元素的融入与改造

刘敦桢曾说："在短期内我们不可能在农村中建造大批新式住宅，只有在现有基础上用最经济、最简便的方法予以改善，才符合目前广大农村中日益增长的物质生活和精神生活的实际要求。"要改善豫西南传统村落居民的物质生活和精神生活，与现代高速发展的社会接轨，就需要现代元素的融入。现代元素需要现代的材料、现代的空间元素、现代的功能元素。这些元素对传统村落来说并不是洪水猛兽，也不是摧毁传统村落的元素，而是需要将现代元素"润物细无声"般地与传统村落建筑的材料相融合，与空间和功能相适应。这一点，在邻国日本的乡村环境设计中十分普遍，在国内的许多改造中也经常见到，如侯勇建筑设计事务所设计的豫北太行山地区林州市石板岩镇三亩地村的浣望民宿，将传统建筑材料的石板与玻璃、钢架结合，既保持了传统，又赋予了其现代性（图4-11）。

（a）　（b）　（c）　（d）

图4-11　林州市石板岩镇三亩地村浣望民宿庭院

（a）二层庭院一角；（b）一层庭院一角1；（c）一层庭院一角2；（d）一层庭院一角3

二、服务的提升

1．提醒提示服务的提升

目前豫西南传统村落及建筑中缺乏明显的提示性标识及导视系统设计，也缺乏对于整个建筑的介绍，往往只是观其外表，给游客带来的内涵信息较少。如吴垭村，没有平面图导游，整个村落中没有导视标识，三叉古柏、五百年黄楝树、竹林等关键的景点处也没有任何标识，仅仅在吴登鳌民宅大门一侧设置一个木制的村落和吴登鳌民宅的介绍，缺乏需要结合建筑材料和村落环境进行导视系统的设计与制作（图4—12）。部分村落的开发者意识到了这个问题，但却没有进行系统的设计，如南召石窝坑村的导视牌设计（图4—13）。基于现状，豫西南传统村落要加强标识或导视系统建设。

图4-12　吴登鳌民宅前的介绍标识牌

图4-13　石窝坑村道路旁的导视牌

2．讲解服务的提升

目前传统村落多数没有进行商业化运作，由于对特色文化和建筑内涵的挖掘不够，所以一般没有讲解服务。需要深入挖掘村落文化、建筑文化和民俗文化，并通过讲解服务的提升让游客有更深入的体验和知识获取。如果没有专业的讲解，则应该向居民普及村落文化常识，与游客交流时才能将信息更好地传达给游客。

3．饮食休息服务的提升

饮食休息等服务是传统村落接待能力高低的重要指标，对游客体验影响极大。所以，在村落饮食休息空间环境的营造上，居住空间质量要大幅提升，饮食方面结合农家特色与环境改造，良好的居住和就餐环境，让居民或游客既能感受到村落的野趣，又能够有舒适美好的体验。

4．安全保障服务的提升

安全是传统村落建筑组群整体形象提升最主要的内容之一。生命安全是至高无上的，没有生命安全一切就无从谈起。首先是建筑自身的安全，具有安全隐患的老旧宅院要加强监测和修缮频率，保证居民和游客的人身安全；其次是村落动植物的安全，豫西南某些村落地处伏牛山深山中，村落中难免有毒植物或危险动物如有毒的蛇、虫等，这对于居民和游客的生命安全造成潜在的威胁。要做好日常的安全巡视及危险排查，保证游客人身安全；再次是村落交通安全。豫西南传统村落中街巷复杂多样，有的湿滑难行，有的崎岖不平（图4–14），路旁缺乏护栏等安全设施，这些都对旅游产业的发展造成了制约，要改造修缮部分道路，让游客的安全和游玩活动有更好的体验。

图4–14　吴垭村湿滑道路

三、质素的提升

质素有本质、成分、因子的意思，也有质朴的含义。笔者认为对豫西南传统村落建筑组群质素的提升无疑要从其本质上，从其材料、空间、结构、功能、文化等多种构成因子上进行改造或修缮，达到质朴美好、整体多样的美感状态。

1．环境的塑造

第一，材料因子的塑造。从材料构成因子上继续秉承就地取材、因材致用的节约方针，这些都是实用的，同时也是保持村落异质性的重要因子。同时，在不破坏整体性的情况下，加入一些现代性的材料因子，如钢架、玻璃、水泥等。

第二，空间因子的塑造。打造现代生活中需要的多种空间，处理好开放空间与私密空间的关系，处理好生活空间和生产空间的关系，处理好内外空间的衔接与过渡的关系。同时在民宿等的空间塑造上，要与游客生活需求相适应。

第三，结构因子的塑造。修缮与重建过程要秉承传统营造技艺与现代新技术的结合。刘敦桢认为，具有一定实用价值的传统方法，应该运用进步的科学技术，予以提高和发展。文丘里认为，现代建筑师不实际地热衷于新技术的发明而忘记了自己作为现有传统专家的责任。应让传统村落建筑在传统结构的大框架下进行新技术的运用。

第四，功能因子的塑造。保持现有的村落建筑组群的功能，特别是在家畜养殖等生产功能上要给予保留。一个没有鸡鸣狗吠的传统村落建筑组群是缺乏生气的，也是不完整的。

2．文化的挖掘

首先是挖掘传统乡土文化，特别是宗祠等包含村民历史故事的文化的挖掘等。乡土文化和民俗文化对于城市游客有着天然的吸引力，游客不但希望欣赏传统村落的优美景致，在乡下感受乡村纯洁的阳光、空气和水，来获得身体上的放松，还渴望通过传统村落的游览了解其深层的乡土文化，充实其精神生活；其次，留存豫西南地区传统村落居民的生活习俗和信仰崇拜，挖掘深层次文化渊源。只有视觉上的感官还不足以对传统村落留下深刻的印象，生活习俗的体验无疑让游客在触觉上、听觉上甚至在嗅觉和味觉上都有了全面的感受，有利于将这些感受转化为对村落建筑组群的良好评价和审美愉悦。村落居民的信仰崇拜等因素也会影响到居民的生活习惯和建筑组群式样等，对宗教信仰因素的挖掘也为村落建筑组群的文化增加了新的支撑点。

3．居民美感认知的提升

居民美感认知的过程分为三个步骤，第一步是认识传统村落建筑组群的美。从选址、外观、材质、技艺、空间、功能、生态、装饰等方面让居民了解传统村落建筑组群的美的来源；第二步是所处传统村落及其建筑组群美感认知的唤醒。居民美感的提升是建立在居民对传统村落建筑组群的思想自信、环境自信、生态自信与技艺自信的基础上的。在四个自信的基础上，才能产生对豫西南传统村落的本质上的认同。第三步是对豫西南传统村落建筑组群的主动宣传与能动实践。居民主动欣赏自己生活环境的美，才能主动地宣传与提升村落的美好并约束规范居民自己的言行举止，言行举止应朴实真切、礼貌热情，这是游客评价村落整体印象的重要指标。

附录一 插图目录

续表

续表

图号	名称	图片来源
图2-26	唐河县马振抚镇前庄村某宅	王峰拍摄
图2-27	界中村民宅屋顶	王峰拍摄
图2-28	文庄村民宅屋顶	王峰拍摄
图2-29	吴垭村民宅排水	王峰拍摄
图2-30	南召县云阳镇石窝坑村排水	王峰拍摄
图2-31	吴垭村街巷交通状况	朱煜烨、王佳鑫绘制
图2-32	轴线引导型（大楼房村）	朱煜烨、王佳鑫绘制
图2-33	均衡随意型（小北庄村）	朱煜烨、王佳鑫绘制
图2-34	内聚向心型（前庄村）	朱煜烨、王佳鑫绘制
图2-35	道路、河流延伸型（磨沟村）	朱煜烨、王佳鑫绘制
图2-36	地形适应型（石窝坑村）	朱煜烨、王佳鑫绘制
图3-1	吴垭村的自然形态美	王峰拍摄
图3-2	文庄村某宅院	王峰拍摄
图3-3	豫西南传统村落建筑组群简单的几何形体	王峰拍摄
图3-4	瓦片的节奏与韵律	王辰筱拍摄
图3-5	墙体的节奏与韵律	王峰拍摄
图3-6	山西民居墀头及其构造	王峰绘制
图3-7	豫西南传统村落建筑组群墀头样式	王峰拍摄
图3-8	美丽的吴垭村一角	薛怡龙拍摄
图3-9	吴垭村民宅尺度	王峰拍摄
图3-10	石窝坑村民宅尺度	王峰拍摄
图3-11	界中村民宅建筑群	薛怡龙拍摄
图3-12	吴登鳌民宅内院	王峰拍摄
图3-13	吴登鳌民宅外院	王峰拍摄
图3-14	吴垭村建筑组群的材质对比	王峰拍摄
图3-15	吴垭村建筑组群疏密关系对比	王峰拍摄
图3-16	吴垭村建筑组群通透的直棂窗	王峰拍摄

续表

图号	名称	图片来源
图3-39	铲坯锨	王峰根据谢永彬手稿改绘
图3-40	砖斗	王峰拍摄
图3-41	四连砖斗测量	王峰拍摄
图3-42	文庄村王玉芳民宅庭院中被砍伐的大树	王峰拍摄
图3-43	吴垭村民宅墙体砌筑	木尧拍摄
图3-44	营造过程	张慧慈绘制
图3-45	奎心安民宅姜太公牌位	王峰拍摄
图3-46	四里营村某民宅砖雕脊兽	王峰拍摄
图3-47	吴垭村某宅封檐板雕刻	王峰拍摄
图3-48	磨沟村某宅斗拱雕刻装饰	王峰拍摄
图3-49	“人形（金蟾）”图案装饰	王峰拍摄
图3-50	豫西南传统村落建筑墙体装饰	朱晓璐拍摄
图3-51	方城县文庄村某宅脊兽	高亮拍摄
图3-52	方城县文庄村某宅龙脊饰	王峰拍摄
图3-53	方城县文庄村某宅凤凰脊饰	王峰拍摄
图3-54	方城县四里营村某宅狮子脊兽	王峰拍摄
图3-55	东汉虎食鬼魅画像石	王峰拍摄
图3-56	南阳汉代墓门上的铺首和虎图案	王峰拍摄
图3-57	方城县四里营村某宅老虎脊兽	王峰拍摄
图3-58	方城县四里营村某宅麒麟脊兽	王峰拍摄
图3-59	方城县四里营村某宅獬豸脊兽	王峰拍摄
图3-60	吴垭村民宅蛇脊兽	王峰拍摄
图3-61	方城县四里营村某宅屋脊鸽子	王峰拍摄
图3-62	豫西南传统村落屋脊装饰	王峰拍摄
图3-63	豫西南传统村落建筑组群墙面装饰	王峰拍摄
图3-64	豫西南传统村落建筑组群门窗形制	王峰拍摄
图3-65	豫西南传统村落建筑组群院落形态	朱煜烨、王佳鑫绘制

续表

续表

图号	名称	图片来源
图3-89	磨沟村李万华民宅猪圈	王峰拍摄
图3-90	文庄村某宅牛棚	王峰拍摄
图3-91	文庄村村落航拍	薛怡龙拍摄
图3-92	文庄村王玉芳民宅	薛怡龙拍摄
图3-93	段庄村村落航拍	薛怡龙拍摄
图3-94	段庄村某民宅	王峰拍摄
图3-95	石窝坑村村落航拍	薛怡龙拍摄
图3-96	石窝坑村武运江民宅	王峰拍摄
图3-97	瓦店镇界中村村落选址	引自：谷歌地图卫星图截图
图3-98	瓦店镇界中村民居建筑选址	王峰拍摄
图3-99	仓房镇磨沟村村落选址	引自：谷歌地图卫星图截图
图3-100	仓房镇磨沟村民居建筑选址	王峰拍摄
图3-101	文庄村文宗玉民宅正房梁架	王峰拍摄
图3-102	文庄村王玉芳民宅正房梁架	王峰拍摄
图3-103	豫西南传统村落建筑组群土材料的选用	王峰拍摄
图3-104	豫西南传统村落建筑组群草本材料的选用	王峰拍摄
图3-105	豫西南传统村落建筑组群石材料的选用	王峰拍摄
图3-106	豫西南传统村落建筑组群的土坯使用	王峰拍摄
图3-107	豫西南传统村落建筑组群木椽子的使用	王峰拍摄
图3-108	豫西南传统村落交通与排水	王峰拍摄
图3-109	豫西南传统村落建筑材料的循环利用	王峰拍摄
图3-110	豫西南传统村落更新改造	王峰拍摄
图3-111	豫西南传统村落空斗墙体	王峰拍摄
图3-112	豫西南传统村落建筑窗户	王峰拍摄
图3-113	界中村逵心安民宅采光及照度测量	王峰拍摄
图3-114	豫西南传统村落建筑通风	王峰拍摄
图3-115	豫西南传统村落建筑梁架所用木材	王峰拍摄

续表

续表

图号	名称	图片来源
图4-4	林州市石板岩镇三亩地村浣望民宿	王峰拍摄
图4-5	吴垭村农家饭店一角	王峰拍摄
图4-6	吴垭村现状	张鹏飞绘制
图4-7	吴垭村建筑组群现状	王峰拍摄
图4-8	前庄村建筑组群整体性	王峰拍摄
图4-9	林州市石板岩镇高家台村	王峰拍摄
图4-10	石板岩镇三亩地村浣望民宿内景	王峰拍摄
图4-11	林州市石板岩镇三亩地村浣望民宿庭院	王峰拍摄
图4-12	吴登鳌民宅前的介绍标识牌	王峰拍摄
图4-13	石窝坑村道路旁的导视牌	王峰拍摄
图4-14	吴垭村湿滑道路	王峰拍摄

附录二　表格目录

参考文献

【1】 朱立元．美学大词典[M]．上海：上海辞书出版社，2010.

【2】 李允鉌．华夏意匠中国古典建筑设计原理分析[M]．天津：天津大学出版社，2014.

【3】 齐康．杨廷宝谈建筑[M]．北京：中国建筑工业出版社，1991.

【4】 南阳县地方志编纂委员会．南阳县志[M]．郑州：河南人民出版社，1990.

【5】 赵锐．晚清南阳县乡村地理研究[J]．西安文理学院学报（社会科学版），2010（5）：2.

【6】（清）潘守廉．南阳县志[M]．张嘉谋等纂．台北：成文出版社有限公司，1939.

【7】 侯幼彬．中国建筑美学[M]．哈尔滨：黑龙江科学技术出版社，1997.

【8】 陶书霞．“屋脊兽”艺术之考辨[J]．西南学刊，2013（1）：209.

【9】 王颂，司丽霞．论传统民居建筑文化观[J]．小城镇建设，2008（12）：48.

【10】董豫赣．玖章造园[M]．上海：同济大学出版社，2017.

【11】冯友兰．中国哲学简史[M]．北京：北京大学出版社，2013.

【12】（清）李渔．闲情偶寄[M]．上海：上海古籍出版社，2000.

【13】刘敦桢．中国住宅概说：传统民居[M]．武汉：华中科技大学出版社，2020.

【14】王耕．中国建筑美学史[M]．太原：山西教育出版社，2019.

【15】刘森林．中华民居——传统住宅建筑分析[M]．上海：同济大学出版社，2009.

【16】李春．中国传统建筑审美范畴体系述论[J]艺术百家．2018（1）：175.

【17】费孝通．乡土中国[M]．北京：人民出版社，2008.

【18】孙国文，张文伦．内乡民俗志[M]．郑州：中州古籍出版社，1993.

【19】梁思成．中国建筑史[M]．天津：百花文艺出版社，2005.

【20】孙大章．中国民居研究[M]．北京：中国建筑工业出版社，2004.

【21】（清）陈之熉．南召县志[M]．台北：成文出版社有限公司，1939.

【22】赵纯．南阳唐河间的农村现状[N]．河南政治，1934−4−4（4）.

【23】李世武．中国工匠建房民俗考论[M]．北京：中国社会科学出版社，2016.

【24】南召县史志编纂委员会．南召县志[M]．郑州：中州古籍出版社，1995.

【25】西峡县县志编纂委员会．西峡县志[M]．郑州：河南人民出版社，1990.

【26】苗店镇志编纂委员会．苗店镇志[M]．郑州：中州古籍出版社，2018.

【27】宝鼎望．河南省内乡县志[M]．台北：成文出版社有限公司，1975.

【28】王澍．造房子[M]．长沙：湖南美术出版社，2016.

【29】南阳地区地方史志编纂委员会．南阳地区志：1986-1994[M]．郑州：中州古籍出版社，1996.

【30】冯紫岗，刘端生．南阳农村社会调查报告[N]国际贸易导报，1934-06-04（136）.

【31】河南省博物馆，长江流域规划办公室，文物考古队河南分队．河南淅川下王岗遗址的试掘[J]．文物，1972（10）.

【32】王金祥．方城民俗志[M]．郑州：中州古籍出版社，1991.

【33】程国政．中国古代建筑文献集要（先秦-五代）[M]．上海：同济大学出版社，2016.

【34】王君荣．阳宅十书[M]．北京：华龄出版社，2017.

【35】淅川县地方史志编纂委员会．淅川县志[M]．郑州：河南人民出版社，1990.

【36】王玉德，王锐．宅经（卷上）[M]．北京：中华书局．2011.

【37】新野县史志编纂委员会．新野县志[M]．郑州：中州古籍出版社，1991.

【38】桐柏县地方史志编纂委员会．桐柏县志[M]．郑州：中州古籍出版社，1995.

【39】陈威．景观新农村：乡村景观规划理论与方法[M]．北京：中国电力出版社，2007.

【40】陈望衡．中国古典美学史[M]．南京：江苏人民出版社，2019.

【41】苏尹．水墨青花，刹那芳华：林徽因传[M]．北京：天地出版社，2017.

【42】朱光潜．谈美[M]．桂林：漓江出版社，2011.

【43】康德．美，以及美的反思：康德美学全集[M]．北京：金城出版社，2013.

【44】叶朗．美在意象[M]．北京：北京大学出版社，2010.

【45】刘强．从审美发生角度看康德对美的研究[J]．学术界，2010（12）：71.

【46】金东来．传统聚落外部空间美学[M]．南京：江苏凤凰科学技术出版社，2017.

【47】祁志祥．论形式美的构成规律[J]．广东社会科学，2015（4）：171.

【48】梁思成．拙匠随笔[M]．北京：中国建筑工业出版社，1996.

【49】赵经寰．视觉形式美学[M]．成都：四川美术出版社，2012.

【50】威廉·荷加斯．美的分析[M]．上海：上海人民美术出版社，2017.

【51】彭一刚．建筑空间组合论[M]．北京：中国建筑工业出版社，2008.

【52】谭长亮．传统环境营造技艺的生态审美研究——以北京地区为例[D]．清华大学，2019.

【53】（清）沈复．浮生六记[M]．苗怀明，译注．北京：中华书局，2018.

【54】徐恒醇．设计美学[M]．北京：清华大学出版社，2006.

【55】王世仁．理性与浪漫的交织——中国建筑美学论文集．[C]．天津：百花文艺出版社，2005.

【56】镇平县地方史志编纂委员会．镇平县志[M]．郑州：方志出版社，1998.

【57】社旗县地方史志编纂委员会．社旗县志[M]．郑州：中州古籍出版社，1996.

【58】（宋）沈括．梦溪笔谈[M]．诸雨辰，译注．北京：中华书局，2016.

【59】南阳市古代建筑保护研究所．河南南阳市发现明代琉璃房屋模型[J]．华夏考古，2003（4）：30−31.

【60】左满常，渠滔，王放．河南民居[M]．北京：中国建筑工业出版社，2012.

【61】小空山联合发掘队周军，小空山联合发掘队杨振威，小空山联合发掘队．1987年河南南召小空山旧石器遗址发掘报告[J]．华夏考古，1988（4）：14.

【62】中国科学院自然科学史研究所．中国古代建筑技术史[M]．北京：科学技术出版社，1985.

【63】徐永斌．南阳汉画像石艺术[M]．开封：河南大学出版社，2007.

【64】赵慎珠．在南阳，贴近汉画像石[N]．河南日报，2018−09−29（08）.

【65】巫鸿．废墟的故事：中国美术和视觉文化中的“在场”与“缺席”[M]．上海：上海人民出版社，2012.

【66】中国民间文学集成全国编辑委员会．中国歌谣集成河南卷[M]．北京：中国ISBN中心，2003.

【67】墨子[M]．方勇，译注．北京：中华书局，2015.
【68】（明）宋应星，天工开物译注[M]．潘吉星，译注．上海：山海古籍出版社，2016.
【69】释名[M]．任继昉，刘江涛，译注．北京：中华书局，2021.
【70】范雪青．大别山系传统民居建筑装饰研究[D]．郑州：郑州大学，2014.
【71】林移刚．中国崇狮习俗初探[D]．湘潭：湘潭大学．2004.
【72】牛天伟，金爱秀．汉代神灵图像考述[M]．开封：河南大学出版社，2016.
【73】戴建增．汉画中的虎崇拜[J]南都学坛．2004（9）：15.
【74】王效青．中国古建筑术语辞典[M]．太原：山西人民出版社，1996.
【75】杨海涛．试论西南蛇神话的类型及其历史内涵[J]．昭通师专学报（社会科学版），1990（3）：23.
【76】柳乔元．中西文化中“蛇”意象比较——以《白蛇传》和《创世纪》为中心[J]．北方文学，2018（10）：123.
【77】刘大可．中国古建筑瓦石营法[M]．北京：中国建筑工业出版社，2015.
【78】范静．传统民居墙体原生材料与构成形态的研究[D]．昆明：昆明理工大学，2009.
【79】胡军．锦绣披檐：晚清粤东北客家横屋山墙彩画肚线艺术[J]．装饰，2020（9）：116.
【80】余西云，赵新平．河南淅川马岭遗址聚落考古的探索[J]．华夏考古，2010（3）：56.
【81】游清汉．河南南阳市十里庙发现商代遗址[J]．考古，1959（7）：370.
【82】王亚拓．宛西南山区传统村落形态格局探研[D]．郑州：中原工学院，2021.
【83】赵炜州．河南汉墓出土陶圈舍研究[D]．南京：南京师范大学，2013.
【84】方城县地方志编纂委员会．方城县志[M]．郑州：中州古籍出版社，1992.
【85】王颂．传统民居建筑的生态构建经验解析——以河南传统民居建筑为例[J]．四川建筑科学研究，2012（3）：268.
【86】华亦雄，周浩明．当代室内环境生态评估与生态审美价值观的传播[J]．工业工程设计．2020（3）：37.

【87】周芸，唐丽，华欣．浅析豫西南传统石板民居的聚落空间及建筑特征——以淅川县土地岭村为例[J]．河南科学，2013（3）：337.

【88】段汝意．南阳市降水量及降水变化趋势分析[J]．中国新技术新产品，2017（06）：114.

【89】罗伯特·文丘里．建筑的复杂性与矛盾性[M]．北京：知识产权出版社，2006.

【90】吕红医，杨晓林．河南省传统村落保护与利用研究[J]．中国名城，2016（4）：86.

【91】支贵生．南阳传统村落保护与发展研究——以淅川土地岭村为例[J]．明日风尚．2016（12）：293.

【92】殷小燕．基于利益相关者视角的河南省传统村落旅游开发模式研究[J]．现代商业，2020（15）：81.

后记

或许是因为生在农村，长在农村，所以我对乡村有着来自骨子里的喜爱。在求学期间曾经对乡村景观及其设计进行学习，中间涉及传统村落建筑组群的研究。工作后一直想针对豫西南传统村落的建筑组群开展一次较为全面的调研，但由于自己肤浅的认识、学术水平的不足和各方面的软硬件条件限制，即使调研过一两个典型，也多是走马观花，不系统，也不细致。总之，未能真正启动。直到2016年，我在清华大学美术学院访问学习期间，随导师周浩明教授及其博士生团队到北京延庆等地开展《北京地区传统环境营造技艺的生态性分析及其保护与发展研究》这一北京市哲学社会科学基金重点项目的课题调研，导师及其博士对于我的悉心指导，让我对于传统村落建筑组群的美及其研究方法等有了相对系统的认识。

2017年访学结业回到工作单位后，也没有中断对于相关课题的学习，经过两年的成果积累，2019年，有幸获得河南省哲学社会科学规划项目的立项资助，真正系统地开始了对豫西南传统村落建筑组群的研究，本书也是在上述背景下完成的。在此，感谢我的工作单位提供的科研平台和优越条件，并对河南省哲学社科规划项目的资助致以诚挚的谢意！

本书虽然涵盖的地域范围不大，但麻雀虽小五脏俱全，涉及历史、地理、政治、建筑、文化、经济、民俗等多方面的内容，课题系统的庞大给了我很大的压力，有些方面的研究自己也是首次尝试，真正感觉是“摸着石头过河”，遇到了不少困难。特别是实地调研中，起早贪黑，早出晚归，过程很辛苦。由于豫西南农村地区的交通复杂，多次遇到过危险、车辆损坏等情况，给调研带来了很大的阻力。如果说上述调研的困难在课题申报时团队就已经有所准备，那么从2020年春开始，新冠肺炎疫情突如其来并接二连三的爆发是始料未及的。由于疫情防控，调研活动多次中断，这给项目如期完成带来了未知的挑战。与调研困难同步的还有资料搜集的困难，由于豫西南研究传统村落的史料及文献等稀缺，资料的搜集异常艰难。项目组搜集了各个县域的地方志、民俗志，并通过网上古籍数据库等搜索可用的材料，购买和借阅了大量的相关纸质文献。即便如此，在写作过程中依然遇到了很大的难题，论据的支撑仍不充分。

尽管阻力大，但项目团队成员不畏艰险，克服困难，如期完成了调研和研究任务。在此，我向团队成员表示崇高的敬意！同时项目的研究也真正走入了课堂，从项目调研测绘到制图等都有学生的身影，我对参与调研和测绘的亲爱的学生们表示感谢。他们都是本科生，但专业扎实，吃苦耐劳，为项目的完成做出了不小的贡献，通过项目的锻炼也对传统村落建筑的美有了新的认识，增长了新的学识与经验，成长了很多。他们是：薛怡龙、周景凯、李思睿、朱晓璐、李耕朴、李媛、李书菲、陈曦、高亮、崔煜昊、王辰筱、徐延林、欧阳乐乐。还要感谢在调研中积极配合的各位村民以及老工匠，特别需要感谢的是社旗县苗店镇的谢永彬，是项目的调研和采访让我跟永彬老哥成为忘年交，他为项目中传统营造技艺等方面的研究提供了许多可用资料。本书调研和写作期间，闫沛喆、木尧也提供了一些帮助与资料，一并表示感谢！应该说本书的完成和团队协作是分不开的。在本书中，有400余幅照片及插图，除去引用的，皆为课题组拍摄及整理绘制，在图像采集、绘制过程中要感谢我的学生们，他们为其中一部分照片的采集和图像的绘制等付出了艰苦的努力，他们是：薛怡龙、于子晴、张慧慈、张鹏飞、高澳、王佳鑫、朱煜烨。

还要感谢我的家人，感谢我的父母、岳父母、我的妻子和孩子们！感谢我的所有亲人们！他们是支撑我事业前进的动力源泉。没有他们幕后为家庭的辛苦付出，我是不可能有足够的时间进行项目研究和专著写作的。

不管怎样，经过千辛万苦，书稿终于完成。由于笔者学识有限，管窥之见难免谬误或疏漏，还请诸位读者不吝赐教并予以斧正。在此表示感谢！

著作这个阶段性的研究即将完成，但对于传统村落建筑美学的研究却从未停止，而且本书的研究范围在豫西南这个相对较小的区域内，还不能够代表河南地区、中原地区，更不能代表中国，与其相关的研究还有待进一步拓展、充实、完善。希望通过本书能够为豫西南地区的传统村落建筑组群保护、居民生活水平的提高及该地区旅游产业的发展贡献微薄的力量，也希望本书能够抛砖引玉，广大读者或相关领域的研究人员能够有更广泛、更深入的研究成果以供学习。

编者

2022年春于宛城